Letters to a Young Mathematician

给年青数学人的信

（修订版）

〔英〕伊恩·斯图尔特 著

Ian Stewart

李隆生 译

Why Do Math?

Dear Meg,

As you probably anticipated, I was very glad to hear you're thinking of studying mathematics, not least because it means all those weeks you spent reading and rereading *A Wrinkle in Time* a few summers ago were not wasted, nor all the hours I spent explaining tesseracts and higher dimensions to you. Rather than deal with your questions in the order you asked them, let me take the most practical one first: does anyone besides me actually make a living doing math?

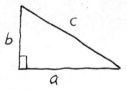

商务印书馆
The Commercial Press

图书在版编目（CIP）数据

给年青数学人的信 /（英）伊恩·斯图尔特（Ian Stewart）
著；李隆生译 . —修订本 . —北京：商务印书馆，2020
（2022.1 重印）
（新科学人文库）
ISBN 978-7-100-18754-1

Ⅰ. ①给… Ⅱ. ①伊… ②李… Ⅲ. ①数学—青年读
物 Ⅳ. ① O1-49

中国版本图书馆 CIP 数据核字（2020）第 122901 号

新科学人文库

给年青数学人的信
（修订版）

〔英〕伊恩·斯图尔特 著
李隆生 译

商 务 印 书 馆 出 版
（北京王府井大街 36 号 邮政编码 100710）
商 务 印 书 馆 发 行
北 京 冠 中 印 刷 厂 印 刷
ISBN 978 - 7 - 100 - 18754 - 1

2020 年 9 月第 1 版 开本 880×1230 1/32
2022 年 1 月北京第 2 次印刷 印张 6
定价：48.00 元

献给

Marjorie Kathleen（"Madge"）Stewart

[1914/2/4—2001/12/17]

&

Arthur Reginald（"Nick"）Stewart

[1914/2/3—2004/8/23]

如果没有他们，我就不会存在，
更不要说是成为数学家了！

LETTERS TO A YOUNG MATHEMATICIAN

by Ian Stewart

前　言

　　"对职业数学家而言，写有关数学的东西是让人沮丧的经历"，这是 1940 年出版的经典名著《一个数学家的辩白》（*A Mathematician's Apology*）的开场白。作者是英国伟大的数学家暨剑桥大学教授高德菲·哈罗德·哈代（Godfrey Harold Hardy）。

　　人的心态改变了。数学家不再相信他们欠世界一个辩白。此外，现在许多数学家认为，写有关数学的东西至少和创作数学一样有价值。哈代认为，创作数学是指新的数学、新的研究和新的理论。事实上，目前许多数学家觉得，除非能让大众知悉，否则创造新理论是毫无意义的事——当然不是指细节，而是数学的一般性质——特别是新数学一直被创造与应用。

　　自哈代以后，这个世界也改变了。在平常的日子里，哈代最多花四个小时努力思考研究问题，其余的时间花在观看板球（除了数学外的最爱）和阅读报纸上，偶尔也不得不抽出时间去指导学生进行研究，但他对个人的事相当低调。而今学者通常每天必须工作十到十二个小时，还要从事教学和研究，申请研究经费，以及面对横亘在创造活动前面的大量无意义的繁文缛节。

哈代是英国学者的某种典型，他给自己设下高远却范围狭窄的目标。他选择数学是因为数学内在的高雅和逻辑，而非外在用途。哈代的研究成果并未用于战争，特别是他的书出版于第二次世界大战之初。哈代为此感到骄傲，我们也大都能理解和支持他的立场。

如果哈代复活，发现他所热爱的数论在可应用于军事密码学的数学理论中竟扮演了重要角色，应会对此感到极端失望。电影《拦截密码战》（Enigma）为这段时期描绘出浪漫的色彩，当时数论和密码学刚开始产生联系。艾伦·图灵（Alan Turing）是"二战"期间英国布雷切利园区（Bletchley Park）的密码破译专家之一。他是纯数学家、应用数学家和最早的计算机科学家，也是一位悲剧性的人物，因为被控同性恋而自杀——同性恋在当时被认为不合法而且羞耻。不过，社会道德也会改变。

哈代在经典著作《一个数学家的辩白》中，明确指明了数学家在1940年如何看待自己和他们的课题，其中包含对任何要成为数学家的年青人的重要建议，但某些建议受到书里过时态度的影响而变得晦涩，例如假设数学是男性的专利。

该书仍然值得一读，只不过必须要将其意见放在历史的框架下来理解，此外，有些建议不再适用。

本书是我尝试部分更新《一个数学家的辩白》，也就是说，更新那些或许会影响一个年青人的决定，如考虑取得数学学位和可能开启的数学专业生涯。这些给"梅格"的信件大致遵照时间先后，从她读高中一直写到在大学获得永久教职为止。书中讨论了许多议题，从最初关于职业生涯的决策，到职业数学家的生存哲学，以及数学家研究问题的本质，不只有一些实在建议，还提供来自数学圈子内的见解，并且解释数学家到底在做什么。

也因此，本书所讨论的许多议题将吸引一般读者，一如哈代所言，即任何对数学以及它和人类关系感兴趣的人。什么是数学？数学有什么用？如何学数学？如何教数学？适合独自研读或群体共同研读？数学思维如何运作？数学的未来会怎样？

如果不是"给年青人的信"系列，如果不是这些精彩的有益丛书，我也不会想到要撰写本书。此书得益于编辑比尔·弗列西特（Bill Frucht）的建议，他让我散漫的文笔不致离题且易于理解。本书设定的主要读者群包括年青数学家或其父母、亲戚、朋友等，但对于并不想要成为数学家、只想多了解成为或作为数学家的人们，会发现本书读来也十分有趣。

目　录

第一封信

为何学数学？

亲爱的梅格：

或许如你所预期，得知你考虑攻读数学专业时，我非常高兴，不只是因为数个夏天前，你用数星期反复阅读《时间的皱纹》（*A Wrinkle in Time*）[①] 的时间并未白费，同时也不枉我费心对你解释超立方体和高维空间。我不依顺序回答你的问题，先回答其中最实际的问题：除了我以外，有谁真的靠数学维生？

这个问题的答案和许多人所想的不一样。我所服务的大学在几年前对校友进行调查，发现在种种学位之中，有数学

[①] 马德琳·英格（Madeleine L'Engle）所著经典科幻小说《时空四部曲》（*Time Quartet*）之一，另外三部曲为《微核之战》（*A Wind in the Door*）、《倾斜的星球》（*A Swiftly Tilting Planet*）和《水中荒漠》（*Many Waters*）。

学位的人平均收入最高。需要提醒你的是，虽然这是在他们成立医学院之前的事，但至少驳倒一项谬论：学数学的人无法拥有高收入的工作。

事实是我们每天到处都可遇到数学家，只是很难察觉而已。我过去的学生有的管理酿酒厂、创立他们自己的电子公司、设计汽车、编写计算机程序和在股票市场从事期货交易。我们几乎从未认识到银行经理或许拥有数学学位，发明、制造光盘和数字播放器的人们中有很多是数学家，或是将木星卫星的令人惊异的照片传输至地球的技术里也包含大量的数学。我们知道医生有医学学位，律师有法律学位，因为那些是特殊和明确定义的专业，要求同等专业的训练。但人们不可能在建筑物的铜制铭牌上发现有证件照的数学家的名字，替该数学家打广告：这位数学家在获得一大笔费用后，可以帮忙解决任何想要解决的数学问题。

我们的社会消费了大量的数学，但一切只在幕后进行，原因相当直接：数学属于幕后。当驾驶一辆汽车，你绝对不想考虑所有那些复杂的机械方面的东西，只想钻进车子里将它开走。了解车子机械的基本状况，当然对你成为好的驾驶员有所帮助，但绝不是一定要这样才行的。同样地，数学也是如此。你希望车子的导航系统引导方向，而不需要自己来计算所涉及的数学。此外，你希望即使不了解信号处理和误差修正码，你的电话仍可以使用。

然而，我们其中的一些人需要知道如何进行数学运算，否则上述的汽车和电话将无法运转。如果其他人能够了解我们日常生活必须依靠数学，那将是一件好事。为何将数学远远放在幕后，这是因为许多人完全不知道数学藏身在幕后。

我有时觉得，要改变人们对于数学的态度，最好的方式是，在任何用到数学的东西上贴上写着"内含数学"的红色标签。当然在每一部计算机上都会贴上一张，又如果照字面的解释，我们也应该在每一位数学老师身上贴上一张。我们还应该将红色数学标签贴在每一架飞机、每一部电话、每一辆车、每一个交通标志、每一种蔬菜上……

蔬菜？

是的。农夫只是照着他们父亲和祖先流传下来的模式耕种，这种日子早已过去。几乎所有你能买到的蔬菜，都是长期和复杂商业养殖计划的结果。"实验设计"数学意义上的整个主题，在 20 世纪早期被发展出来，用来提供一个系统的方式去评估新种的植物，遑论基因修改的较新方法。

等等，这不是生物学吗？

当然是生物学，但也是数学。基因学在生物学里最早使用数学，人类基因组计划之所以成功，不只是因为生物学家做了许多明智的工作，也因为发展出强大的数学方法，用以分析实验结果，并且从非常破碎的数据里重建准确的基因序列。

所以，蔬菜得到一个红色标签。如同蔬菜，其他诸多东西也应贴上红色标签。

你看电影吗？你喜欢特效吗？《星球大战》（*Star Wars*）和《魔戒》（*Lord of the Rings*）里面有数学？最早的完全由计算机制作完成的动画电影《玩具总动员》（*Toy Story*），促成了大约二十篇数学论文的发表。"计算机绘画"不只是使用计算机来做画，也是让图画看起来更真实的数学方法。为了做出这些效果，需要立体几何的知识、有关光的数学知识，以及在起始和完成的影像间内插（interpolate）一连串平滑的动作等。"内插"是一种数学思维，如果没有巧妙的数学知识，计算机这种聪明的设备将不会产生作用。又一个红色标签！

当然还包括因特网，完全是数学运算。目前最主要的搜索引擎谷歌使用数学方法，根据矩阵代数、概率理论和网络的组合数学，去寻找最可能包含用户所需信息的网页。

但因特网的数学较这些更为基本。电话网络依赖数学，它不像旧时，当时接线员必须手动将电话线路插入总机，而今天这些电话线必须同时传输数百万条信息。有太多人想要和朋友谈话、传真或上网，以致我们必须共享电话线路、海底光缆和卫星中继器，否则网络无法承受那么繁忙的通信量。所以每一段谈话都被分解成数千个小段，只有约1%的小片段被实际传输，其余的99%借着填补间隙的方式尽可能地被复原（之所以行得通，是因为取样虽短但频率非常高，以致你声音的改变比取样的间距慢得多）。噢！整个信号被编码，以致任何的传输错误不仅可被检测出来，也可重新放到正确的接收位置。

如果没有大量的数学，现代通信系统将无法运作。编码理论、傅立叶分析（Fourier analysis）、信号处理……

无论如何，你上网购买机票、订位、前往机场、坐上飞机后飞往他处，都离不开数学。飞机之所以能够飞行，是因为工程师使用流体流动和空气动力学的数学进行设计，确保飞机可以在天上飞。飞机使用全球定位系统（简称 GPS，定位系统由一组卫星构成）来导航，卫星信号经由数学分析，可以在数英尺的误差内告诉你飞机的位置。每一个航班都必须列入时间表，才能让每一架飞机处于正确的位置，这需要其他领域的数学。

亲爱的梅格，这就是数学运作的方式。你问我数学家是否都隔绝在大学里，或是否有部分数学家的工作和实际生活有关。其实你实际生活的全部，就如同一艘在数学海洋里徜徉的小船，上下摆动。

但很少有人注意到这一点。逃避数学会让我们感到自在，但却贬损了数学。这真可耻，这样一来，人们认为数学没有用处、不必在意，数学只是智力游戏而已，没有真正的重要性。因此，我才想要看见那些红色标签。事实上，不用红色标签的最佳理由，是大部分的地球都将被红色标签所覆盖。

你的第三个问题最为重要，也最令人哀伤。你问我是否必须放弃对美的感受以研读数学，是否所有事情将变得只剩下数字、方程式、定理和公式。梅格，敬请宽心，我不会怪你问这个问题。可惜这是个非常普遍却错得离谱的想法，和真相恰好相反。

数学对我而言如下：它让我以全新的方式感知这个我所居住的世界，让我对自然的定律和模式开了眼界，提供全新的关于美的经验。

例如，当我看见彩虹，我不仅看到一道光亮多彩的圆弧，也看到雨滴对阳光的影响，雨滴将白色太阳光还原为构成太阳光的色彩成分。我发现彩虹既美丽又能启发灵感，对彩虹不仅只是光线的折射而心存感激，这些颜色就像红色（还有绿色和蓝色）的鲱鱼。彩虹的形状和亮度需要解释：为何是圆弧状？为何光线如此之亮？

或许你尚未想过这些问题。你已经知道，当阳光受到雨滴的折射时会出现彩虹，因为阳光的每一种颜色会朝稍微不同的角度转向，并由雨滴反射进入我们的双眼。但事情不是如此简单，为何数以万计的雨滴折射产生的数以万计的有色光线，不会重叠并模糊掉呢？

答案在于彩虹的几何学。当光线在雨滴内部进行反射，雨滴的球状形体导致光线聚焦于某一特定方向，每一滴雨滴发射出明亮的圆锥形光线，或者说每一种颜色的光形成自己的圆锥体，而每一种颜色形成之圆锥体的角度稍有不同。当我们望向彩虹，我们的眼睛只能观测到位于特定方向的圆锥体，每一种颜色的方向在天空形成一个圆弧。所以我们看到许多同心圆，每一种颜色形成一个同心圆。

你所见到的彩虹和我所见到的，是由不同的雨滴所形成。

我们的眼睛位于不同的位置，所以我们观测到由不同的雨滴所产生的不同圆锥体。

彩虹是个人经验。

某些人认为这样的理解会"破坏"情感的体验，因为它会产生对美感满足的某种压抑，但我认为这是无聊的想法。做这样声明的人通常喜欢假装自己充满诗意，对世界上的奇妙事物抱持开放的态度，但事实上他们严重缺乏好奇心：拒绝承认世界比他们自身的有限想象来得更奇妙。自然永远比你所想的更深邃、更丰富、更有趣，数学提供给你一个非常有用的方式去欣赏自然的美。理解能力是人类和其他动物最大的不同，我们应该珍视。许多动物都能够表达情感，但只有人类能理性思考。我必须要说，我对彩虹几何学的理解，为它的美增加了新的光彩，而情感的体验却一点也不会因此变少。

彩虹只是一个例子。我观察动物也和常人的角度不同，因为我注意到动物移动时对应的数学模式。当我注视一个水晶，我留意到原子晶格和外在色彩的美丽。在波浪、沙丘、太阳起落、雨滴落在水坑溅起的涟漪，甚至停在电话线上的鸟，我也都能看到数学。此外，如同望向弥漫大雾的海洋，我模糊了解到，这些日常奇妙的事物充满无限的未知。

数学的内在美丽也不应该被轻视、被忽略，数学研究本身就已非常美丽优雅。数学的内在美并不是我们在学校里使用的"加法"，虽然加法背后的一般原则自有其美丽之处，但它们大多难看又无定形。数学的内在美丽存在于：想法、普遍性、突然一闪而过的灵感，以及尝试使用直尺和圆规三等分某个角度就等同于去证明 3 是一个偶数；我们无法建构一个等边七边形，但可建构一个等边十七边形；没有方法可以解开单结①；为何某些无限大比其他还大，而某些应该较大的无限大结果却相等；等于连续平方之和（1+4+9+⋯）的唯一平方数为 4,900（1 除外）。

梅格，因为你有逻辑思维能力和求知欲，你有成为优秀数学家的潜力。你不会满足于模糊的论点，你想要看到细节并亲自检查，你不只是想知道如何让事物运转，而且也想知道为何事物能够运转。此外，你的来信让我企盼，将来你能和我目前一样，能够看到数学的有趣和美丽——以一种独特的看待世界的方式。

我希望，这为你研读数学建立了所需的背景。

---

① 把一段绳打成圈状，然后将绳端拉过此圈而形成的结，这是最简单的结。因为很像一个人两手环着的样子，所以又称为交腕结。

第二封信

我几乎成了律师

亲爱的梅格:

你问我怎么会和数学结缘?就像其他人一样,这是才能(在此没有必要谦虚)、激励和正确的意外(更精确地说是避免错误的意外)的结合。

从一开始,我的数学就很好,但七岁时,我差一点就放弃将数学作为终身的职业。当时有一项数学测验,考的是减法,但我却误用前一周所使用的加法,因此得了零分,被安排在课程的后进班。由于后进班同学们的数学普遍不好,因此老师没有教我们什么有趣的数学,一切毫无挑战性,我因此觉得不耐烦。

我被两件事所拯救:骨折和母亲。

某个孩童在游戏中将我推倒在地,使我跌倒,并导致锁骨骨折。我因而请了五个星期的病假，母亲决定善加利用这段时间。她从学校借了一本算术书，为我做了些补救教学。因为我不能书写——右手吊着绷带——于是我口述，由母亲写在练习簿上。

母亲对学校教育相当敏感。她自己所受的教育几乎被一个督学所毁。这位督学没有远见，虽然立意良善，却造成错误的后果。母亲的理解力强，所以跳级就读，在她八岁时就已和十岁的学童同班。某天督学来到学校，视察这个班级，并向一个回答了所有问题的聪明小女孩问道："亲爱的，你几岁？"当被告知"八岁"以后，他指示校长，这个聪明的小女孩必须连续三年待在同一年级，直到与她同龄的其他孩子和她同班为止。他并不是想要在学习上拖住母亲的脚步，只是担心她无法和较大年龄的孩子相处。但连续三年学习相同的课程，使家母对学校失去兴趣，她所学到的只是如何混日子。

直到后来，母亲决定不再混日子，但已太迟。她想要成为英语老师，但她的化学考不及格。在过去那些时日的英国，只要有一科不及格——即使那是和你想要任教科目完全无关的一科——就表示你不能参加培训成为老师。

母亲决心不再让我遭受相同的命运。她知道我是聪明的，在我三岁时她就教我识字。在我们做完四百道数学题之后（我做对其中的三百九十六道），她将练习簿带到学校拿给年级主任，要求将我转到数学课的尖子班。

当我的锁骨骨折痊愈，回到学校之后，我的数学进度领先同班同学十星期，母亲给了我超前的教育。幸运的是，班上其他同学赶了上来，我并未因此感到太难过。

我的老师并不是糟糕的老师，甚至可以说，他是非常好的人。但是他缺乏远见，无法了解到他将我放在数学后进班的这一错误，可能会毁掉我的教育生涯。我得到零分是因为不小心，并不是因为不懂得内容。如果他要求我小心看题目，我将会得到满分。

我那时相当幸运，感谢母亲弄清楚状况并且愿意为我据理力争。但我也感谢导致我住院的同学，他不是故意推倒我的——我们当时彼此推挤——但这次意外拯救了我的数学生涯。

在那之后，我碰到过几个真正优秀的数学老师。但我告诉你，出色的老师并不多见。其中一个我们亲昵地称之为"蜘蛛"贝克（W.E.Beck），他每星期五的数学测验是长久以来的惯例。这些测验并不简单，满分二十分，每周的考试成绩再加起来。擅长数学的同学努力争第一名，其他的人则对考试结果感到沮丧。我不确定这是否是一个可以接受的教育实践——事实上我认为它不是——但竞争的机制对我和某些少数学生是好的。

贝克的规定之一是，即使因生病而缺考，仍然只能得到零分，没有任何借口。所以我们这些要争夺第一名的学生，努力争取每一分。除非领先超过二十分，否则很容易被其他同学超越，因此我们知道需要积累一定的分数，也绝对不能犯下愚蠢的错误招致扣分，要仔细阅读每一题，确定回答了题目所问，而且检查再检查。

我十六岁时的数学老师名叫高登·瑞得福（Gordon Radford）。通常班上能有一个真正的数学天才就很稀有了，但在我们班上却同时有六个。所以他将所有课余时间，用于教导我们课程大纲之外的数学。在平时的数学课上，他要我们坐在教室后方，各自做自己的家庭作业——不一定是数学作业，而是任何作业。我们只要闭上嘴巴，因为那些课程不是为我们而设，我们必须给班上其他同学回答的机会。

瑞得福先生打开了我的眼界，让我知道数学的真面目：多元化、富有创造力、充满新奇和独创性。此外，他还为我做了一件重要的事情。

在当时，有一场名为"国家奖学金"的公开入学考试，提供上大学的资金。虽然还必须有大学提供入学许可，才能得到奖学金，但至少已经朝正确方向迈出一大步。在举行国家奖学金考试的最后一年，我和另外两个朋友都还差一岁才有资格去考。瑞得福必须说服校长让我们提早一年应试，过去校长从来没有同意过。

有一天早上，我和这两个朋友到校以后，瑞得福告诉我们，我们要去高一个年级的班级，参加国家奖学金的数学"模拟考"，获得一次实际的经验。高年级的同学们已经多学了一年的数学，并且为模拟考练习了好几个星期。我们只有五分钟的准备时间。我得了第一名，我的两个朋友则分别是第二名和第三名。

因此，校长别无选择，只好让我们去参加国家奖学金的考试。毕竟他已经让高年级的同学们去考试，但是我们证明自己比他们准备得更充分。

我们三个都获得了国家奖学金。

当时，瑞得福联络戴维·艾普斯坦（David Epstein）。戴维是瑞得福几年前的学生，他已成为数学家，在以数学闻名的剑桥大学做研究，剑桥和牛津是英国最好的两所大学。

"我要拿这个孩子怎么办？"高登问。"把他送来我们这里。"戴维回答。

所以我前往剑桥攻读数学，这里是牛顿（Isaac Newton）、罗素（Bertrand Russell）、维特根斯坦（Ludwig Wittgenstein）和其他没那么知名的学者们的家。我的职业生涯自此之后就是数学了。

某些职业生涯似乎会让人轻易选择去做些别的事。你将会碰到某些人，他们告诉你律师只是他们白天的工作，他们实际上是小说家、剧作家或爵士长号手。还有一些人无法定下来，或只是将他们的工作视为赚钱的工具，随波逐流从事人力资源管理或广告营销的工作。这并不是说这些人对工作不全力以赴，但他们之中仅有少数人认为他们的工作是上天的恩赐。

没有人能碰巧成为数学家。相反地，要成为数学家需要全力以赴，即使有天分的人也极容易放弃。如果我没有摔断锁骨，如果贝克先生没有促使他的学生相互竞争，如果没有相当多的学生让瑞得福去推荐——又如果他没有积极推荐——现在我可能在建议你的父母如何节税，而不是写信给你。或许没有人（尤其是我）会认为事情可以变得完全不一样。

总之，梅格，你不该期望你的老师一眼就能看出你有多聪明，也不该期望他们能正确无误地发现你的天分，并且还知道如何引导你。某些老师可以做到这些，而你应毕生感激他们。但可惜的是，其他老师不是无法分辨，就是对此不关心，或是被自己的烦忧和愤恨所困扰。最后要说的是，对你天分最尊重的老师，未必最终能让你学到最多，或许是那些偶尔（也许比偶尔再多一点）让你觉得自己愚蠢的老师，才是最好的老师。

第三封信

数学的广度

亲爱的梅格：

从你的问题里，不难理解你预料到的厌烦（某种我未曾有的感觉），或是对自己处境的担忧。现在所学的一切都相当有趣，但如你所言："如此就是全部吗？"你在英文课阅读莎士比亚（Shakespeare）、狄更斯（Dickens）和艾略特（T.S.Eliot）的作品，你可以合理假设，虽然这些只是世界伟大经典里的极小部分，但却没有更高层次的英语文学可以向你展现了。因此自然而然地你会问，是否你在高中所学的数学就是全部的数学，除了更大的数字和更难的计算外，还有更高层次的数学吗？

到目前为止你所看到的数学，实在称不上重要。

即使计算有时对取得研究进展很重要，但数学家仍然不

15

会将他们大部分的时间用于数值计算。数学家不会将所有时间都用于那些带符号的公式，但公式仍然是不可少的。你正在学的数学，主要是一些基本的技巧，以及在非常简单的情况下的应用。假如对照木工的话，就像学习使用榔头去钉钉子，或是将木材锯成所要的大小。如果你看不到车床或电锯，就不会学到如何造出一张木椅，也绝不会学到如何设计和建造某种前所未有的家具。

榔头和锯子很有用，如果你不知道如何使用，就无法制造出椅子。但你不应该假设你在学校所做的，就是木匠工作的全部。

现在学校中称为"数学"的绝大部分，其实只是算术：种种数字的记号、加法、减法、乘法和除法。当你再长大一些，你将学到：基本代数、三角、坐标几何，或许还有一点点微积分。如果你的课程大纲在 20 世纪 60 年代和 70 年代被"现代化"了，你应该还会学到二阶矩阵，以及一点点的群论（group theory）。"现代"在这里是一个奇怪的字眼：它意指一百到两百年前，相对于旧教学大纲里两百年以前的数学而言。

可惜的是，如果你不知道如何进行相加、如何求解基本方程式或何谓椭圆，那就几乎不可能进入到学习更有趣的主题的阶段。想想打网球和演奏小提琴就知道，所有人类行为的最高层次都要求扎实地掌握基础知识，数学正巧要求许多的基本知识和技巧。

你将在大学碰到更广的数学概念。除了熟悉的数字外，还包括复数（$i^2 = -1$），以及远较数字还重要的东西，如函数：将任何选定的数字对应到某些其他特定数字的规则，"平方""正弦""立方根"这些都是函数。你所学的将不只是求解两个未知数的联立方程式，也将了解如何处理包含任意个未知数的联立方程式，但有时问题无解（试试求解 $x+y=1$，$2x+2y=3$）。你也应该会学到，在文艺复兴时期，伟大的数学家如何对三次和四次方程式求解（牵涉未知数的三次和四次方根），你或许会了解为何这些方法不适用于五次方程式（五次方根）。如果忽略方程式的数值解而去思考它们的对称性，这一切将变得相当明显。同时你也会了解，为何理解方程式的对称性比知道如何求解还重要得多。

你将发现如何使用抽象的术语去正规化对称的概念，这正是群论的内容。你将发现欧氏几何（Euclid's geometry）不是唯一的可能，以及在拓扑学（topology）里圆和三角形将不可区分。你的直觉将受到"单面体"的莫比乌斯带（Möbius band）——一种只有一个面的环带——和形状复杂、分数维度的碎形（fractals）的挑战。你将会学到求解微分方程式的方法，并且最终将体会微分方程式的大部分是无法用这些方法解出的。即使你不能写下解法，仍将学会如何去了解和使用。你将发现为何每一个数字都可以被分解成唯一的一组质数因子的乘积，并为质数（虽然有统计上的规律性）缺乏明显模式所困惑，以及对如黎曼猜想（Riemann hypothesis）[①] 的开放问题感到不解。你将会遇到大小不同的无限大，发现圆周率 π 的实质的重要性，并证明纽结（knot）的存在。接着你将了解你的主题变得多么抽象，离单纯的数字有多远，然后数字将作为重要概念而重现。

你将学到为何地球两极沿地轴摇动（称为岁差），以及冰川期如何因此而受到影响。你将理解牛顿的证明——行星轨道为椭圆形，并发现轨道为何不是完美的椭圆形，并且揭开混沌力学的潘多拉盒子。你的眼睛将看见数学的广泛应用，从植物育种统计到太空探测的天体力学，从谷歌到全球定位系统，从海洋波浪到桥梁的稳定性，从电影《魔戒》的动画到手机的天线。

最后，你将领略到，如果没有数学，我们的世界里将有很多事物不可能存在。

当你探索如此灿烂的多样性时，将思考是什么使这一切成为同一件事？为何如此不同的想法都称为数学？你将从问"这就是一切了吗"，变成稍微惊讶于数学竟可以如此丰富。这时，就像你能分辨出一张椅子，但无法对它下一个毫无例外的定义一样，你将发现你可以分辨何谓数学，但仍然无法定义它。

---

① 黎曼猜想涉及黎曼 zeta 函数 $\zeta(z)$，它可将关于质数的问题转变成为复数解析。如果 $\zeta(z)=0$，则 z 若不是等于某个负整数（二重根），就是它的实部为 1/2。参见 Karl Sabbagh, *Dr. Riemann's Zeros*, Atlantic Books, London 2002。

　　理应如此，定义使事物定型，却限制了创意和多元的层面。定义意味着尝试将一个概念的所有可能的多样性，简化为一个简洁的词语。如同其他正在发展中的事物，数学总是有可能带来惊喜。

　　梅格，不仅仅你的学校，全世界的学校都非常致力于传授加法，以致疏于教导学生去回答（甚至询问）更为有趣和更困难的问题：数学是什么？即使定义太受局限，我们仍然能尝试使用人类非常擅长的隐喻，去获取我们对数学的感受。我们的头脑不像计算机，计算机依照系统和逻辑运作。头脑像是隐喻的机器，跳跃思考以产生有创意的结论，之后才用合乎逻辑的叙述来支持结论。所以，当我告诉你我所喜欢的一个数学定义——林恩·阿瑟·史汀（Lynn Arthur Steen）说数学是"重要形式的科学"——隐喻地说，你可能认为我正中问题的核心。

　　我为何喜欢史汀的隐喻，是因为它捕捉到某些主要的特性。重要的是，它是开放的，并没有尝试去说明何种形式可以看成主要的，也没有要表明"形式""重要的"意味什么。因为相较于艺术，数学与科学有更多共同点，我因此也喜欢"科学"这个字眼。数学如同科学一般依赖严苛的"测试"，只是科学使用实验来验证，而数学使用证明。此外，和科学相同的是，数学也在严密规定的限制之内操作：你不能在过程中随便捏造。在此，我部分同意后现代主义者的主张，他们认为所有事物（明显除了后现代主义之外）都只是一个社会传统，科学只包含那些凑巧被许多科学家认同的意见。有时正是如此——人类精子数目正在减少[①]，这个被广泛接受的信念或许就是一个好例子——但大部分却不是如此。科学毫无疑问具有社会性，但也有实验的真实性。即使现代主义者进入房间，也总是必须经由门，而不是墙壁。

理查德·库伦特（Richard Courant）和贺伯特·罗宾斯（Herbert Robbins）两人合著的《什么是数学？》（*What Is Mathematics?*），是一本非常有名的书。通常以问题为书名的大部分书籍都没有妥帖地回答问题，然而库伦特和罗宾斯很有智慧，他们在序言的一开始就说道："数学作为人类思维的表现，反映了积极的意志、冥想的理由和对完美美学的渴望。"接着又说："所有数学的发展，在或多或少的实际要求里，有心理层面的根源。然而一旦开始承受必须应用的压力，它不可避免地获得自我动力，并超越即刻效用的限制。"最后说道，"幸运的是，创意思维克服僵化的哲学信念，将产生建设性的成就。对学者和一般人而言，不是哲学，而是在数学里的活跃经验才让我们得以回答'数学是什么'"。或如我朋友戴维·托尔（David Tall）经常所说："数学不是旁观者玩得来的。"

某些数学家对他们所研究主题的哲理，较其他数学家更感兴趣，知名的鲁本·赫什（Reuben Hersh）是其中一位。

---

① P. Bromwich, J. Cohen, I. Stewart, and A. Walker, "Decline in sperm counts: An artefact of changed reference range of 'normal'?" *British Medical Journal* 309（2 July 1994）, 19-22.

他注意到，库伦特和罗宾斯借着"显示数学是什么，而没有告诉我们数学是什么"来回答问题。"我带着惊异和快乐的心情，快速阅读此书之后，仍不禁要问：'数学究竟是什么？'"所以赫什用这个标题写了一本书，提供了他所谓的非传统答案。

传统上，数学哲学存在两个主要派别：柏拉图学派（Platonism）和形式主义学派（Formalism）。柏拉图主义者相信数学主体以某种稍微神秘的形式存在，它们"存在"于某种抽象的领域，然而这个领域并非是想象的（原因在于想象是人类的特征），而是实在的、非物体形态的存在。这位数学家的圆圈有无限薄的圆周，且半径到这个无限的小数点位数都维持不变，因此不能具有实体的形式。如果你在沙上画圆，一如阿基米德（Archimedes）所做，这个圆圈的边界会太厚，而且半径变化太大。你画的圆圈只是近似数学的柏拉图圆圈，即使使用钻石针头将圆圈刻在白金板上，也将遭遇同样的困难。

那么，在这种意义下，数学上的圆是否存在？如果不存在，那怎么会有用？柏拉图主义者认为数学上的圆是理想中的，而非现实世界的，尽管现实情况是，它是独立于人的思维的。

形式主义者认为这样的陈述模糊且无意义。戴维·希尔伯特（David Hilbert）是最早的、重要的形式主义者，他积极地尝试将数学视为一个充满符号而无意义的游戏，并把整个数学置于坚实和合乎逻辑的基础上。根据这个观点，一个像

2+2＝4 的陈述，不该解释成将两头羊放入已有两头羊的围栏内，就因此有了四头羊。这应该是使用符号"2""4""+"和"＝"进行游戏的结果，但游戏必须根据一个外显和绝对无弹性的规则来进行。

当哥德尔（Kurt Gödel）证明没有任何形式的理论能涵盖全部的算术，并且在逻辑上有一致性时，希尔伯特最初也很生气；就哲学上来说，形式主义已死。总是有某些数学陈述不论是否可以证明，都不在希尔伯特的游戏之内。所有这样的陈述都可以加到算术的公理之中，而且不会创造任何的不一致。这些陈述的否定陈述也具有同样的性质，所以我们不论将这些陈述视为真或者假，希尔伯特的游戏都可玩下去。特别的是，算术是如此基本和自然，以致必须是独一无二的，因此希尔伯特这种想法是错误的。

大部分正在从事研究的数学家们忽略了形式主义，就如同他们忽略柏拉图观点中明显的神秘主义，这或许是因为数学中有趣的问题都可以被证明或否定。当你进行数学运算时，感觉你所处理的好像是真实事物，你几乎可以捡起东西，并转动它、挤压它、拍击它和将它弄成碎片；另一方面，如果不顾其所代表的意义是什么，而只专心注意符号如何舞动，通常可以有所进展。所以大多数数学家的工作哲学，大部分为未经检验的柏拉图——形式主义者的混合体。

如果你想要的只是运算数学，那也很好。如赫什所说："数学本身先于数学哲学，而非反过来。"但像赫什一样，如果你仍怀疑是否有一个较好的方式去描述数学的哲学，这个问题的答案还是在于回答数学是什么。

赫什的答案是他所谓的人文主义哲学。数学是"一种人类活动、一种社会现象、人类文化的一部分、历史演化，只有在社会脉络下方可理解"。这是一种描绘，而非定义，因为并未明确说明活动的内容。这样的描绘或许听起来带点后现代主义的味道，但因为赫什认知到主宰人类心灵活动的社会传统，受制于严格的非社会限制，也就是每一件事必须相互合乎逻辑，所以赫什的描绘比后现代主义更容易理解。例如，即使数学家聚在一起，彼此同意 π 等于 3（其实不应等于），也没有事情会因此变得有意义。

因此，数学中所指的一个圆是某种超越共同错觉的东西，是一个具有非常明确特征的概念，它的"存在"是因为人类可以从这些特征推导出其他性质。必须注意的是，若两个人探讨同一问题，若推理都正确，不可能得出相互矛盾的答案。

因此，数学就像存在于"某处"，寻找一个开放性问题的答案就像是发现，而非发明。数学是人类心灵的产物，但不屈从于人类的意志。探索数学就像探索一块新领域，你可能不知道河流的下一个转弯处有什么新事物，但你没有选择的机会，只能等待并且去找出来。不过，除非你主动去探索，否则数学的新领域是不会自动出现的。

在艺术学院里，如果有两个人在争辩，他们可能无法达成共识。但两名数学家在争辩时（数学家的确常争辩，而且会很情绪化，火药味十足），有一个人会忽然停下来，然后说："对不起，你是对的，我发现我的错误了。"然后他们会一起去吃午餐，并成为最好的朋友。

我很同意赫什的话。如果你觉得人文主义者对数学的描述模糊不清，如果你觉得这种"共享的社会构造"很罕见，赫什举的例子会让你改变想法。以金钱为例，全世界靠金钱来运作，但金钱是什么呢？金钱不是几张纸，也不是金属片，纸张可以印制，金属片可以铸造，或是放进银行，也可以销毁；金钱也不是计算机中的数字，如果计算机坏了，你还是拥有你的金钱。金钱就是共享的社会构造，金钱有价值，因为我们同意赋予它价值。

同样地，上述论述也有很明确的限定。如果你对你的银行经理说，你户头里的钱超过银行计算机上显示的数字，他不会说："没问题，这只是某种社会构造而已。再给你一千万美元，谢谢光临。"

我们忍不住要想，即使我们认为数学是共享的社会构造，但数学仍有逻辑的必然性，任何有智慧的脑袋都会推想到同样一套数学。当"先驱者号"（Pioneer）和"旅行者号"（Voyager）宇宙飞船驶向天际，它们携带了编码的信息，想要传送给宇宙的外星人。"先驱者号"将氢原子、显示我们太阳位置和其附近脉冲星的地图、站立于宇宙飞船（用于量度人类的体形大小）前裸体男人和女人的线条图画，以及标明我们所居住星球的太阳系概要图案，全都刻在金属板上。此外，两艘"旅行者号"宇宙飞船携带了声音、音乐和科学影像的记录。

一个外星接收者是否可以破解这些信息？像○—○的图案（两个圆圈被一条线所连结），他们是否真的可以看出这是一个氢原子？是否他们的原子理论版本为量子波函数，而非原始的"粒子"形态（我们的物理学家已经说过这是非常不正确的观点）？假如从未碰过这种事情的人类群体不能了解，外星人就真的能够了解图形的意义吗？他们是否认为脉冲星有意义？

在对这些问题的大部分讨论中，最终将听到以下的论点：即使他们都不能了解上述信息，任何有智慧的外星人都应该能够理解简单的数学模型，其余的就可从此开始。这里未明说的假设是：数学具有一定程度的普遍性。外星人和我们一样，可以计数 1、2、3……他们无疑能够看懂如图案 * ** ***
**** 里所显示的内含模式。

数学具有普遍性，这点不能说服我。我曾阅读阿立斯泰尔·雷诺兹（Alistair Reynolds）所著的《钻石犬》（*Diamond Dogs*）一书，这是一部中篇小说，关于外星人建造的一座奇特又恐怖的高塔，书中描述道：需要解开谜题才能通过高塔一间间的房间；而如果回答错误，则将招致可怕的死亡。雷诺兹的故事打动人心，但内含一个假设：外星人设计的数学谜题和人类所设计的相类似。这里，外星人的数学太过于接近人类数学，包括拓扑学，以及数学物理中的卡卢察—克莱因理论（Kaluza-Klein theory）[①]，这就像我们抵达比邻星（Proxima Centauri）系里的第五颗星，并在这颗星球上发现沃尔玛超市（Wal-Mart）。我知道，叙事的限制要求数学对读者而言看起来像是数学，但即使如此，我仍很难接受数学具有普遍性的说法。

我认为，人类的数学更加接近于我们特殊的生理学、经验和心理的偏好，是狭隘的而非普遍的。几何里的点和线似乎是形状理论的基础，但人类视觉系统也用点和线来探视世界。外星人的视觉系统却可能依靠光和影、动态和静态，或是震动的频率来感知。外星人的大脑或许具备嗅觉或感受到尴尬情绪，但无法通过理解形状来作为感知世界的工具。此外，虽然如1、2、3的整数看来具有普遍性，但这些整数和我们喜好聚集类似事物的倾向有关，例如被认定为财产的羊：我的羊被偷了吗？算术似乎源于两件事：季节变化和商业。想象一下居住在遥远波赛顿（一个想象中的、类似木星的气态巨行星）的顽固保守的生命，他们没有个人财产的观念，

[①] 1926年，爱因斯坦的同事卡卢察（Theodore Kaluza）率先发表一篇论文，之后波尔（Niels Bohr）的同事克莱因（Oscar Klein）加以改进，形成了所谓的卡卢察—克莱因理论。这是个五次元的理论，试图结合麦克斯韦（James Clerk Maxwell）的电磁学理论和爱因斯坦质能方程，可说是超弦理论的先声。在这个理论中，卡卢察、克莱因两人将原本爱因斯坦质能方程中的 4×4 矩阵，进一步扩充成 5×5 矩阵，至于多出来的空间，刚好可摆上麦克斯韦的电磁学方程式。仅仅多加一个次元，就巧妙地结合重力与光，连当时的爱因斯坦也不免大为震惊。摘录自 http://residence.educities.edu.tw/listeve/htm/phys field string 3.htm（引自朱炳翰）。

而所居的世界只有恒定直吹的狂风！不论正在数什么，在他们数到3之前，所数的东西都会被强风吹走。然而相较于我们，他们无疑更能理解液体流动方面的数学。

我认为，波赛顿人的数学和地球人的数学应该在逻辑上彼此一致，只是两者分别位于同样一片土地上相距很远的区域，但这也取决于所用的逻辑形态。

认为数学只有唯一的一种——我们这一种——是柏拉图主义者的信念。或许理想的形式存在于"某处"，但"某处"可能由许多抽象的领域所组成，而且此理想的形式并非唯一。赫什的人文主义转变成波赛顿人主义：波赛顿人的数学应该是一种由他们的社会所共享的社会构造（如果他们有一个社会）。如果波赛顿人没有形成社会关系（即他们彼此不沟通），会对数学有所了解吗？我们无法想象一个数学家不是先从计数开始学习，因此也不能想象"智慧"生物的成员彼此竟不能沟通。但事实上，我们对某件事难以想象，并不能证明它不存在。

我有点离题了。什么是数学呢？某些人以绝望的心情提出以下定义："数学就是数学家所做的事物。"而什么是数学家呢？"从事数学这个行业的人。"这个议论几乎就是柏拉图完美的循环论证。但让我问一个类似的问题，什么是商业人士？从事商业的人？不一定！商业人士就是能看到做生意机会的人，而其他人则会错失这些机会。

数学家是那些能察觉到存在数学机遇的人。

　　我相当确信上述定义是对的，它指出数学家和其他人之间的重要差别。什么是数学？数学是由那些感知某种机会的人所共享的社会构造，我们称这些人为数学家。这里的逻辑仍然有点循环论证的味道，但数学家总是可以辨识出伙伴的特质，并且发现伙伴的心灵状态，这是我们共享社会构造的另一个层面。

　　欢迎加入数学俱乐部。

第四封信

不都已经做完了吗？

亲爱的梅格：

你上一封来信里，问我大学数学比高中数学多学了什么。的确没有人愿意花上三四年的时间重复学习相同的概念，即使那是较为深入的学习。现在往前看，你确实该担忧是否仍存在创造新数学的空间。如果其他人已经探究了如此广阔的领域，你如何才能找到通往学术前沿之路？甚至，是否还有学术前沿存在呢？

这次，我的工作很简单。关于上述两个问题，你大可宽心。刚好和你想的相反，你需要忧心之处在于：人们创造了太多的新数学，且新研究的范围如此广大，以致很难决定从何处开始或从哪个方向开始。数学不是用僵硬的惯例和机械式的方式去取代旧想法，它是地球上最具创意的行为。

29

许多人会对上述陈述感到新奇，或许还包括你的一些老师。太多人似乎认为数学就仅限于在学校所教的东西，所以基本上"都已学完了"，这让我感到惊讶。更让我觉得惊讶的是，人们假设既然"答案已位于书的最后几页"，那么就没有创造的空间，也没有未被回答的问题。为何如此多的人认为他们的教科书包含所有可能的问题？

没有想象力将导致可悲的无知，以下长期存在的两项因素可以解释为何人们对数学缺乏想象力。

首先是许多学生在升学过程里，很快便开始讨厌数学。他们认为数学僵硬、无趣、反复，最糟的是觉得困难。答案只有对或错，不论怎么费尽唇舌，都无法让老师将错的答案更改为正确答案。数学是非常无情的科目，学生一旦发展出对数学的负面态度，最不希望听到的事情，就是在已经让人退避三舍的教科书内容之外，还存在更多的数学。大部分的人们希望所有的答案都位于书的最后几页，否则他们无法找到答案。

凯瑟琳·欧勒伦萧（Kathleen Ollerenshaw）女士（她是英国最有声望的数学家和教育家之一）即使到了九十岁，仍持续做研究。她在自传《往事历历》（*To Talk of Many Things*）里明确指出："当我告诉一个青少年朋友，我过去从事数学研究，她回道：'为何从事那种行业？我们已有足够的数学需要应付了，我们不想要更多。'"（梅格，你应该看看这本书，它充满智慧，能够启发你的心灵。）

以上陈述背后的假设虽然需要检验，但其中任何一项论点就足以让我感到满足。为何凯瑟琳的朋友假设，所有新发现的数学会自动出现在教科书里？我们再次碰到相同的想法，以为在学校学到的数学就是数学的全部。然而没有人认为物理学、化学、生物学，甚至法文或经济学也是如此，对于这些在学校传授的学科知识，我们都清楚知道它们只是人类已知的很小一部分。

有时我希望学校能使用之前曾使用的"算术"来描绘"数学"这门课的内容。但将算术称为数学贬低了数学的身价，就如同使用"作曲"一词去描述例行的音阶练习。然而，我无权去改变措辞，而且事实上如果将数学改称为算术，将会减损社会大众对数学的认可。对大部分的人而言，在生命中唯一和数学有交集的时间只有在学校了。

如同我写给你的第一封信中所提到的，这绝不意味着数学和我们的生活毫无关联，但数学对人类生存的深远影响仅存在于幕后，因此不受人注意。

为何只有少数学生了解教科书之外仍有其他数学存在，第二个原因是：没有人告诉他们真相。

我不会责怪老师。实际上，数学虽然很重要，但非常困难。几乎在所有的教学时间，老师都用于确保学生学会求解特定形态的问题和得到正确的答案，因此没有时间告诉学生数学的历史、数学和我们社会与文化的关联、每年所创造出来的大量新数学，以及大大小小待解的数学问题。

梅格，《世界数学家名录》（*World Directory of Mathematicians*）包含了五万五千个人名和联络方式。这些人并非闲着无事做，他们教书，而且其中大部分也做研究。《数学评论》（*Mathematical Reviews*）每年出版十二期，内容不是论文，而是研究论文的简单摘要。2004年出版的《数学评论》合计达10586页，每一页平均登载五篇论文摘要，因此该年共刊登约五万篇的论文摘要。每一篇论文平均约二十页，因此每一年大概一百万页新的数学研究发表！

凯瑟琳的朋友应该会被这个数字吓到。

许多数学教师知道这些，但他们认为避而不谈比较适当。如果学生求解二次方程式就碰到问题，明智的教师将明确避免更困难的三次方程式。当课程主题是对有解的联立方程式求解时，老师就不会告诉学生还存在许多无解的联立方程式，以及有些联立方程式有无限解，以免让他们感到沮丧和困惑。自我设限的处理方式产生了如下效应：为了避免打击学生的自信，教科书不会列出无法用课堂所教方法解出的问题。所以不知不觉之间，人们认为每一个数学问题都有答案。

这当然是不正确的。

数学的教学沿着基本的矛盾来演进。不论对与错，学生被要求去熟悉一系列的数学概念和技巧，任何让学生分心的事物都被认为是不必要的。将数学置于它的文化脉络，解释它对人类的贡献，诉说它历史发展的故事，指出存在许多待解问题，甚或告诉学生，为了给他们留时间准备考试，仍有许多数学主题未能列入教科书中，而这些事情大都不会被讨论。某些老师想办法找出时间来谈论这些事情，我的瑞得福先生是其中一个例子。亚伦和罗伯特·卡普兰（Ellen and Robert Kaplan）夫妇针对数学教育有令人耳目一新的方法：从一系列的"数学圈"开始。处在迥异于教室的气氛下，"数学圈"里的孩童被激励去思考数学。

这对夫妇的成功做法，显示我们需要花更多时间在这些活动上。但既然数学已经用掉了很大一部分的教学时间，其他课目的老师应该会反对，所以这个矛盾可能仍然无解。

现在让我来解释美妙的事实：对数学了解得越多，越能获得更多的机会去问新问题。当我们的数学知识不断增加，新发现的机会也跟着增加。这听起来好像不可能，但新的数学概念建构在旧数学之上，是个很自然的结果。

当你学习任何学科，随着所知的不断增多，理解新材料的速率也会越快。你已学到游戏的规则，且能熟悉运用，下一阶段的学习将变得比较容易，除非你设下较高的标准，数学也是如此。或许最极端的情形是：数学的新概念建立在旧有之上。如果数学是一栋建筑物，它就会像一座倒立的金字塔，建在一个狭小的基地上，高耸入云，而每一层楼都比其下一层楼来得宽大。

这个建筑物越高，便有更多的空间去建更宽广的楼层。

以上的描述或许太过简单。实际上可能存在一些伸向四方的有趣的小型分支，到处可见到扭曲和转向；像清真寺的尖塔、教堂的圆顶和怪兽造型排水装饰，连接遥远房间的神秘楼梯和密道，悬在空中令人昏眩的跳水板。但倒金字塔形状是其主要的特征。

所有学科在某种程度上也是如此，但这些倒金字塔不会快速变宽，新的建筑物也经常盖于既有建筑物之旁。这些学科就像城市一般，如果不喜欢住在目前居住的建筑物里，总是可以搬往其他建筑物，然后重新开始。

数学万宗归一，"搬家"不是选项。

因为学校教的数学过于偏向数字，许多人因此认为数学仅包含数字，认为数学研究必定包括发明新的数字。当然不存在新数字，不是吗？如果真是这样，早就有人已经发明了新数字。然而即使就数字而言，这样的想法也是想象力失败的表现。

大部分有关数字的作业属于算术范畴，例如将 473 和 982 相加，以及将 16 除以 4。许多是关于表示法，像是 7/5 的分数、1.4 的小数、0.3333……的循环小数，或是如圆周率 π 这个更难驾驭的数字：π 的小数位数无限多且无规律可循。

我们如何知道 π？不是靠着列出所有小数点后的数字，或列出许多位数后并未发现任何重复的模式，而是间接证明它。最早的证明由约翰·兰伯特（Johann Lambert）在 1770年提出。他使用微积分而非几何。证明过程只有一页，大部分都是计算，背后的技巧不是计算本身，而是找出要做怎样的计算。

质数是少数出现在学校里较有创造力的主题之一，质数是一个不能由两个较小整数相乘而得的正整数。但学校里大部分的质数问题，学生几乎只要使用掌上小型计算器就可以解决。

数学倒金字塔的较高楼层完全不是如此。它们支持概念、想法和过程。它们处理的问题更像是"为何 π 的小数位不重复"，跟"两个数字的相加"大异其趣。处理数字的楼层主要是处理非常困难的问题，外表却看似简单明了，这更加令人迷惑。

例如，你知道边长分别为单位长度 3、4、5 的三角形有一个角是直角；传说古代埃及人使用绳节将细绳按 3、4、5 的比例分段，用以测量金字塔的工地。我怀疑 3-4-5 三角形的实际用处，因为细绳具有延展性，所以测量应该不能达到所要求的准确度。古埃及人或许知道三角形的性质，而巴比伦人对此已确知无疑。

勾股定理——少数在学校传授、用（传统上认定的）发现人名字命名的定理——告诉我们，直角三角形两个短边的平方和等于最长边的平方：$3^2+4^2=5^2$。"毕氏三角形"有无限多个，古希腊数学家已经知道如何将它们全部找出来。17 世纪法国的职业律师、业余数学家皮埃尔·德·费马（Pierre de Fermat），提出了以下的想象性问题（并非过度想象，不需要大幅超越已知来面对人类知识的缺口），这些问题创造了新的数学。我们已知两个整数平方和相加等于某整数的平方，但可否延伸至立方呢？两个立方加起来等于另一个立方或两个四次方加起来等于另一个四次方？费马未能给出任何解答，但他发现了一个简洁优雅的证明：四次方不存在这样的性质。他在古希腊数论的手稿里，写下他已有一个无法被一般手法处理的证明——$x^n + y^n = z^n$，当 n 大于 2 时，不存在整数解——但"空白处不足以写下"[①]。

先不考虑这类数学的实用性。应用当然很重要，但现在我们正谈论着创造力和想象力，若是太过于务实，将扼杀真正的创意，并且对所有人不利。费马最后定理非常深奥且难以证明，即使费马最后定理的证明确实存在，也未必是对的。即使是对的，之前也从未有人想到过，就算是现在也是如此，虽然我们知道费马是对的。好几代的数学家尝试证明，但都以失败收场。某些人提供了部分证明，例如当 n = 5 或 n = 7 时，不存在整数解。直到三百五十年之后的 1994 年，安德鲁·怀尔斯（Andrew Wiles）证明了这个定理，他的证明在次年发表，你或许记得曾在电视上看过这则新闻。

怀尔斯的方法石破天惊，即使是放到大学本科或研究生入门课程中都显得太困难。他的证明非常巧妙优雅，融合了数十位其他专家的成果与观念，真是一流的突破。

这个电视节目让人非常感动，许多观众不禁流下眼泪来。

费马最后定理的证明不会出现在大学的课程里，它太难了。但你必定会修读更多关于数论的基础课程，像是证明"每一个正整数最多是四个平方数的和"。你或许决定学习代数

---

① 费马大定理，也称最后定理。费马在他的书页中写道："我发现了一个美妙的证明，但由于空白处太小，写不下。"

的数论，因此你将看到过去的伟大数学家是如何解决费马最后定理的一小部分，并了解整个抽象代数是如何在这个求解的过程中产生的。这个新世界几乎被大多数人忽视。

几乎所有人每天都会用到数论，因为数论是因特网安全编码，以及应用于有线和卫星电视数据压缩方法的基础。我们不需要懂得数论才能看电视（否则收视率将会大幅下降），但如果没有人知道任何有关数论的知识，坏蛋或许正在偷窃我们银行账户中的钱，而且我们也只能收到三个电视频道。所以费马最后定理所涉及的数学的一般领域无疑很有用。

然而费马最后定理本身或许不会有太大用处，极少的实际问题需要将两个高次方相加以得到另一个相同的高次方（虽然有人告诉我至少某个物理问题需要用到它）。在另一方面，怀尔斯的新方法已经将原先互不关联的两个领域连结在一起。未来某一天这些方法无疑将会变得重要，它们很可能应用在基础物理领域，而物理是今天深奥和抽象的数学概念与技巧被应用得最多的领域。

如同费马最后定理的问题，并非因为我们需要知道答案而变得重要。或许到了最后，定理被证明为真或假都不重要，重要的是我们发现答案的过程和努力，显现出我们对数学了解的明显不足。重要的不是答案本身，而是知道如何得到答案。当已经有人找到答案后，它就只能位于书本的某页。

当我们向前逼近数学的边界，边界就变得更为广阔，所以永远不必担心没有新的问题需要我们去解决。

第五封信

被数学包围

亲爱的梅格：

你即将就读大学，如你所言，"兴奋中带点害怕"，我不会感到惊讶，甚至要赞许你的直觉。在那里你将发现竞争更激烈、步调更快、功课更难、内容更加有趣。你将受到一些教授的激励，他们会引导你发现令人兴奋的概念，你也会惊讶于许多同学似乎知道得比你多。在头半年，你会怀疑为何学校让你入学（之后，你将怀疑为何某些同学得以入学）。

你要求我告诉你一些振奋人心的事，不要谈任何技术性的事情，只谈谈那些在处境艰难时仍可以依赖的东西。

好的。

像许多数学家一样，我从自然中得到灵感。自然或许看起来不是非常"数学"，你不会在树上看到加法。但数学不

38

是关于加法——不完全是——数学是关于模式和为何产生这样的模式，自然的模式美丽且无穷尽。

我到美国得州休斯敦进行研究访问，发现自己被数学围绕。

休斯敦是个向四方不规则伸展的巨大城市，像薄煎饼一样平坦。这个城市曾经是沼泽，所以遇上大的雷雨时就很容易积水。在我和妻子惯常居住的公寓附近，有一个巨大的水泥沟渠用以排除积水，但有时雨势太大，雨水无法完全排泄。几年之前，邻近的高速公路积水达三十英尺深，而我所居住公寓的一楼则完全被泡在水中。但被称为布雷斯的支流（Braes Bayou），对排除雨水还是很有用的。沿着布雷斯支流两侧都有小径，妻子和我常沿着沟渠散步，水泥的侧边称不上好看，但已比邻近的街道和停车场强太多。此外，布雷斯支流中有许多野生动物，鲇鱼在河里悠游，白鹭鸶正在捕鱼，这里还有许多鸟类。

当我沿着布雷斯支流散步时，被野生动物环绕着，与此同时，我知道我也被数学所包围。

例如……

每隔一段距离，就有道路和电话线横越布雷斯支流，许多鸟类就停驻在电话线上。从远方观看，它们像是乐谱，是水平线上一堆肥肥的小圆点。它们似乎喜欢停驻在特别的地方，我并不清楚为何会这样，不过唯一可以肯定的是，如果有一大群鸟类停驻在同一条线上，则最后必定是呈均匀分布。

均匀分布是一个数学模式，我认为必定存在一个数学的解释。我不相信鸟儿"知道"它们应该均匀分布，但因为每一只鸟儿都想要有自己的"个人空间"，所以当其他鸟儿靠得太近，它会向另一侧挪移，除非同时有其他鸟儿正从另一侧向它挤过来。

如果只有几只鸟，它们会随机分布在电话线上。但如果有太多只鸟，它们会互相推挤和彼此靠近。因此如果每只鸟都偷偷侧行，好让自己感觉更安适，则"人口压力"会使它们均匀散开，位于密度较高区域边缘的鸟儿会被挤向密度较低的区域。另外，既然它们都属于同种类的鸟儿（通常是鸽子），它们对个人空间该有多大应该有相同的想法，所以最终在电话线上形成了等距间隔。

当然不可能形成完美等距，这是一个柏拉图的理想状况。不过，这有助于我们理解更复杂的现实世界。

如果你愿意，你可针对这个问题进行数学演算。写下某些简单的规则，描绘当邻近鸟儿靠得太近时该如何移动。先让鸟儿随机分布，然后根据规则进行运算，看看鸟儿间的距离如何变化。然而在常见的物理系统里有一个相似模型，已用数学解出。这个模型可以告诉你该期待什么结果。

它是一个"鸟的晶格"。

让鸟儿均匀分布的方式，同样也让固体中的原子排列组成重复的晶格。原子也有一个"个人空间"：如果彼此太接近则相互排斥。固体中的原子被迫紧密堆叠，但在调整它们的个人空间之时，它们让自己形成一个个优美的晶格。

"鸟的晶格"（鸟分布在电话线上）是一维晶格，一维晶格包含等距离的点。当只有少数几只鸟时，鸟儿在电话线上的分布不受"人口压力"的影响，因此呈随机分布状态，这时称不上是晶体，而是气体。

以上并不是一个模糊的比喻。使得食盐或方解石结晶的数学过程，与建立"鸟的晶格"的数学过程没有差别。

这不是唯一可以在布雷斯支流发现的数学。

许多人沿着布雷斯支流遛狗。如果你观察正在行进之中的狗，很快便会发现它的动作极有节奏感。我指的不是当它停下来去嗅一棵树或另一只狗，而是指只有当它无意识地摇晃着身体快乐前行时，其动作才遵循节拍。尾巴摇摆，舌头伸出在外，脚轻快地踏向地面。

它的脚如何运动？

狗行走时存在某种特殊的模式。左后脚、左前脚、右后脚和右前脚，如同一小节四拍的音符，以相同时间间距轮流踏向地面。

如果狗加快速度，则步伐改为小跑。左后腿和右前腿先一起踏向地面，然后是另外两条腿，如同一小节两拍的节奏交替而行。如果两人一前一后，披上牛的戏装，脚步完全不配合就形成了类似牛的小步跑。

狗的步伐是数学的具体化，不知不觉成了步态分析的一个范例。它在医药上具有重要的应用：人类经常无法正常移动自己的腿，特别是婴儿和老年人。分析如何移动能够显露问题的本质，可能有助于治疗。机器人是步态分析的另一个应用，有腿的机器人能够走在高低起伏的地形上，例如核电厂的内部、陆军靶场或火星表面，这些地形都不适合有轮子的机器人。如果我们能够了解腿部的移动，就可以设计出可靠的机器人去拆除老旧的电厂、找出未爆弹和地雷，探索遥远的星球。目前，因为其可靠的设计，我们仍然在火星探险车上使用车轮，但圆形车轮有很多地形无法适应。我们目前仍然不能使用有腿的机器人去拆除老旧发电厂，不过，美国陆军已开始使用有腿的机器人在靶场做清理工作。

如果我们学会重新设计机器人的腿，一切都将改变。

白鹭鸶机警地站在阴影里，长喙悬在空中，肌肉紧绷，准备捕食鲇鱼。白鹭鸶和鲇鱼形成了一个小型的生态系统：一个捕猎者和被捕猎者的系统。生态和数学的关联可追溯到数学家比萨的列奥纳多（Leonardo of Pisa），他也以斐波那契（Fibonacci）这个名字为世人所知①。关于兔子数目的增长，他在 1202 年出版的《算盘书》（*Liber Abaci*）里，写下了相当简单的模型。《算盘书》的内容基本上是关于印度—阿拉伯的数字系统（今天十进制阿拉伯数字的前身），而兔子模型是算术的习题，其他大部分的习题为货币交易。《算盘书》是一本很实用的书。

---

① "斐波那契"的意义为"美好本质之子"（son of Bonaccio）。斐波那契这个绰号可能是在 19 世纪由吉尤姆·利伯力（Guillaume Libri）首先提出的，如果不是，也绝不可能早于这个时间太多而出现。

更严谨的生态模型产生于20世纪20年代，当时意大利数学家维多·沃尔泰拉（Vito Volterra）在尝试了解亚得里亚海的渔夫所观察到的奇妙现象。在第一次世界大战期间，渔猎活动减少，食用鱼的数量几乎没有增加，但是鲨鱼和鳐鱼的数量增加了。

沃尔泰拉思索：为何当捕获量减少时，捕猎者却比被捕猎者获益更多。为了找出原因，他根据鲨鱼和食用鱼的数量以及两者如何相互影响，设计了一个数学模型。他发现数量呈现往复循环的趋势，而非固定在稳定的数量：数量变多再变少，往复循环不止，鲨鱼的数量在食用鱼数量达到高峰之后接着达到高峰。

你不需要知道数字就能了解为什么。当鲨鱼数量不多时，食用鱼繁衍的速度大于被捕食的速度，所以数量快速增长，为鲨鱼提供更多的食物，所以鲨鱼的数量也开始增加，但鲨鱼繁衍较慢，因此存在数量增长上的迟滞。当鲨鱼越来越多，就会猎食更多的食用鱼，最终食用鱼的数量将开始减少。由于食用鱼的数量无法养活如此多的鲨鱼，所以鲨鱼数量便跟着开始减少。随着鲨鱼数量的减少，食用鱼的数量再次增加……如此循环不已。

数学使得上述故事变得非常清晰（在基于模型的假设之下），让我们得出一个完整循环的平均数量，这是语言无法精确表达的。沃尔泰拉的计算显示，人类减少捕鱼活动的次数，食用鱼的平均数量将随之减少，但鲨鱼的平均数量会随之增加。这正是第一次世界大战期间所发生的现象。

以上我告诉你的所有例子，都牵涉"高阶"的数学。但简单的数学也能发人深省，我记得，在所有非数学家离席后，数学家相互间流传的一个故事：一位在知名大学任教的数学家，某天跑去参观新建的礼堂，当她抵达礼堂时，发现教务长正盯着天花板喃喃自语："……45、46、47……"很自然地，她打断计数并询问为何计数，教务长回答："我正在统计灯的数量。"这个数学家抬头仰望长方阵列的灯组，然后说："这很容易，这个方向有十二行灯，另一个方向有八行灯，十二乘八是九十六盏灯。"教务长急切地说道："不，不，我要的是确切的数字。"

即使是像计数如此简单的事情，我们数学家和其他人看世界的眼光也不一样。

第六封信

数学家如何思考

亲爱的梅格：

我得说你的运气真好。如果你在课堂上听到如牛顿、莱布尼兹（Leibniz）、傅立叶（Fourier）等人的名字，那代表你的大一微积分老师对他所教课程的历史发展有所认知。你的问题"他们是如何想出这些事情的？"表明你的老师不是只将微积分视为一组神圣的启示（通常会如此认为），而是当成由真实的人们所解开的实际问题。

但你是对的，"他们是天才"这样的答案并不足以说明一切，我试着看看是否可以提供更深入的解答。你提出的问题之普遍形式为"数学家如何思考？"这是一个非常重要的问题。

通过阅读教科书，你或许会合理地认为所有的数学思路都必须使用符号。文字用于分开符号，以及解释符号代表的意义，但描述的核心几乎都是符号。虽然事实上数学的部分领域使用图像，但那些不过是产生直觉的粗略指引，或是计算结果的视觉呈现而已。

雅克·阿达玛（Jacques Hadamard）所著之《数学领域中的发明心理学》（*The Psychology of Invention in the Mathematical Field*）是关于数学创造的一本好书，最早于 1945 年出版，目前仍印行流通，现在读来依然非常切题，我建议你找一本来看看。阿达玛提出两项重要观点：第一，大部分的数学思考从模糊的视觉影像开始，然后才采用符号使之形式化。他说，90%的数学家都是如此思考，剩下 10% 的数学家则从头到尾都使用符号。第二，数学的创意似乎历经以下三个阶段方才产生。

首先，必须对问题下很大的功夫，尝试了解问题，找出解决的方式和透过范例去发现有用的通则。通常在这一阶段，问题的实际困难浮现出来，令人深陷无望的混淆之中。

其次，在这个时间点上，停止思考问题，转而做其他事将很有帮助，包括做些园艺工作、写写上课讲义、解决其他问题。这会让你的潜意识去仔细思考原先的问题，尝试从混乱的脑袋里有意识地挑出正确的想法。如果你的潜意识成功了，即使只是成功一半，它也将"轻敲你的肩膀"，提示你找到结论。当你脑袋里的小小灯泡忽然点亮，这真是一个"恍然大悟"的时刻。

最后一个阶段是正式写下所有的事情，检查细节，进行组织以便发表，让其他数学家可以阅读。传统上，科学的出版（包括教科书）都要求将"恍然大悟"的时刻隐藏起来，仅呈现那些纯粹由已知假设而来的逻辑推论。

亨利·庞加莱（Henri Poincaré）或许是我最喜爱的大数学家，他特别留意自己的思考过程，并将过程分享给心理学家。他称第一阶段为"准备"，第二阶段为"启发后的孕育"，第三阶段为"验证"。他特别强调潜意识在这个过程中所扮演的角色，在题为《数学的创造》（*Mathematical Creation*）的论述里，有一段著名的文字值得引述：

> 整整十五天，我努力证明不存在任何像是富克斯函数（Fuchsian functions）的函数。那时我一片茫然，每天坐在桌前一两个小时，尝试许多的组合，但没有任何结果。某个下午，跟往常不同，我喝了黑咖啡睡不着觉，突然涌现出许多想法，彼此碰撞直至相互产生关联，可以说是产生了稳定的组合。第二天早上，我已经建立了从超几何级数而来、整类富克斯函数的存在性，我只需几个小时便将结果写下来了。

这只是庞加莱经历的某个时刻，让他感到自己"存在于其潜意识之中"。

我最近的某个经验也符合庞加莱的三阶段模型，虽然我没有感觉到自己在观察自己的潜意识。几年以前，我和长期的研究伙伴马堤·戈鲁毕斯基（Marty Golubitsky）一起研究网络的动态学，"网络"指的是一组"耦合在一起"的动态系统，彼此可能产生某种影响。系统本身是网络的节点——可以视为有许多节点——两个节点间以箭头相连（施加影响的位于箭头的尾端，受影响的位于前端）。例如，每个节点可能是器官的神经细胞，箭头用以连结两个神经细胞，沿着箭头将信号从一个神经细胞传向另一个神经细胞。

马堤和我对这些网络的两个方面特别感兴趣：同步和相位关系。两个节点同步代表它们在同一时间做完全相同的事。狗在小跑时，其对角线的双脚呈现同步化：当左前脚踏在地面上，右后脚也同时踏在地面上。相位关系与此类似，但有时间上的落差。比起左前脚，狗的右前脚（和左后脚同步）要晚半个周期才踏在地面上，这就是半个周期的相位改变。

大家都知道，同步和相位改变在对称的网络里很常见。事实上，我们已经得到唯一可能的对称网络，它能够解释所有四条腿动物的标准步伐。[①] 此外，因为我们想不出还有其他理由，因此或多或少地假设，对称对于同步和相位改变的发生是必要的。

然而，马堤的博士后研究生马可斯·毕瓦托（Marcus Pivato）发明了一个稀奇网络，这个网络具有同步和相位改变的性质，但却不对称。这个网络包含十六个节点，每四个节

---

① M. Golubitsky, I. Stewart, J.J. Collins, and P. L. "Buono, Symmetry in Locomotor central pattern generators and animal gaits," *Nature* 401（1999），693-695.

点彼此同步形成一组，而每一组和它组之间相差四分之一周期的相位。此一网络乍看之下对称，但仔细一看，将发现这明显的对称并不完美。

对我们而言，马可斯的例子毫无道理，但无疑他的计算正确无误。我们进行了验证，证明马可斯是对的。但我们不能了解马可斯的网络为何是对的，这让我们牵肠挂肚。这牵涉到某种巧合，虽然"不该发生"，但仍旧这样发生了。

之后马堤和马可斯继续从事其他主题研究，我则继续挂念马可斯的例子。我前往波兰参加研讨会，发表数场演讲，整个星期我都在笔记本上乱涂乱画一些网络。在从华沙到克拉科夫（Krakow）的火车上，以及两天后的回程中，我都在乱涂乱画。我觉得已经接近某种突破，但却苦于无法写下来。

筋疲力尽的我不得不放弃此一主题，将乱涂画的笔记本放入档案柜，把注意力转向他处。然后某天早上我起床时，产生了一种奇特的感觉，告诉自己应该将笔记本从柜中取出，再看看之前的乱涂乱画。几分钟以后，我发现之前我想要的涂鸦都有共同的特征，但那时却完全将其忽略了。不只如此，那些我不想要的涂鸦并不具有那些特征。在那一刻，我"知道"了谜题的答案，甚至可以使用符号将其写出来，简洁、清爽，而且非常简单。

正如我的朋友生物学家杰克·科恩（Jack Cohen）经常说的：这类知识的麻烦在于，当你犯错时，却相当确定自己是对的。证明不能被替代，但因为现在我已经知道要证明什么，并且对于为何是对的有相当的概念，因此我在最后阶段并未花太多时间。随便涂鸦时发现一些特征，足以推动我认为应该会形成的改变，要证明我的发现一点都不困难。呈现这个必要的证明，反而比较棘手，但并非很难。有一些方向可以作为明显的着手路线，在尝试第二条还是第三条后就已经行得通了。

问题解决了。

以上的描述和庞加莱的剧本完全契合，不禁令我深思是否我重新编排了故事，以符合庞加莱的剧本。但我深信，我所告诉你的应该完全是事实。

什么是主要的洞见？我重新检视了从华沙到克拉科夫火车上的笔记，笔记上充满许多网格，并以颜色显示节点——红、蓝、绿等。我决定使用相同的颜色于同步的节点，各种颜色的节点让我得以找出网格里隐藏的规律性，这些规律性让马可斯的例子行得通。这些规律性说不上对称——至少不是数学家们使用的严谨定义——但具有和对称相同的效果。

为何我为网格上色？上色让我容易找出同步的集群。我曾为数十组网格上色，但从未注意到颜色所代表的意义。答案就在眼前，我却看不出来，直到我停止尝试解开谜题，我的潜意识才得以发挥作用。

我花了一到两周的时间，才将这个灵光一闪的想法转化为规范的数学问题。在我有意识地发觉答案之前，视觉——颜色——的思考及潜意识发挥了作用，最后才能开始以符号进行推理。

这个故事并未到此为止。一旦正式的系统被整理出来，我注意到更深一步的想法，支撑着整件事。以颜色分类基层组织间的类似性，就形成一个自然的、代数的结构。我们早先研究对称系统，从一开始，就已放入类似的结构，因为所有的数学家都知道如何让对称形式化——即群（group）的概念。但马可斯的网络不具有对称性，所以"群"派不上用场。在我的彩色网络图像里，取代对称群的自然代数结构称之为群胚（groupoid），不常为人所知。

出于自身的原因，理论数学家已经研究群胚好多年了。我突然了解到，这些奇特的结构，与动态系统网络里的同步和相位改变有密切关系。在所有我碰过的主题里，证明通过神秘的过程纯数学也能够有所应用，它是极佳的例子之一。

一旦你了解一个问题，它的许多层面就突然变得更简单。正如全球数学家常挂在嘴上的：任何事要不是不可能，就是微不足道。很快地，我们发现许多比马可斯网络更简单的东西，最简单的网络只有两个节点和两个箭头符号。

研究是一种持续的行动，我相信我们对数学领域发明或发现的过程，应该要比阿达玛和庞加莱了解得更多。他们的三阶段描述可应用于单一的"发明步骤"或"增进了解"，解决大部分的研究问题，牵涉整个系列的步骤。事实上，任何一个步骤都可以分解成一系列的次级步骤，而这些次级步骤还可以再分解下去。所以，我们使用复杂的过程网络，而不是一个单一的三阶段过程。阿达玛和庞加莱描述了数学思考的一种基本技巧，但研究更像一场有策略的战争，数学家以不同的方式和层次，反复使用这些策略技巧。

如何学习成为策略家？你从书里挑出一页，研读过去和现在伟大实践者的技巧和策略，并观察、分析、学习和内化。那么总有一天，梅格——那一天的到来会比你想象得还要早——其他数学家将向你学习。

如何学习数学

亲爱的梅格：

相信你已经注意到，各大学的教育质量差异极大，这主要是因为，学校并非按你的教授和助教的教学绩效来决定他们是否继续聘任或升迁。他们受雇去从事研究，虽然因为一些理由使得教学必要而且重要，但对许多教授而言，教学只能放在第二位。你的许多教授是很出色的老师和导师，其他教授或许差很多。但即使这些老师最大的才能无法展现在教室里，你仍应想办法去追求成功。

我曾经碰到过某位老师，让我深信他发现了某种使时间停止的方法。我的同学并不同意我的说法，但都认为他致人昏睡的能力绝对有军事上的用途。

关于数学教学的大量文献给予我们一种印象：学生面对

的所有学习障碍都来自于老师，老师总有责任去解决学生的问题。教学当然是老师的职责之一，但学生也应该负一部分的责任，你应该学会如何学习。

如同其他学科的教学，数学教学也相当人工化。这个世界复杂混乱，充满琐碎的问题，教师的工作乃是为混乱设定秩序，将混沌的事件转化为条理清楚的叙述。所以你的学习将分成特定的模块或课程，每一门课程有一本精心设计的教学大纲和教科书。在某些设计下，例如某些美国公立学校，教学大纲甚至注明教科书的相应页数，以及在什么时候要讨论什么问题都清清楚楚。在其他国家和较高年级的课程中，教师拥有更大的权力，自由选择如何传授教材内容，同时上课笔记也取代了教科书。

由于课程通常在上完一个主题后，再接着下一个主题，这容易让学生认为这是学习教材的唯一方式。当然，有系统地将课本从头学到尾不是一件坏事，但如果你遇到学习困难，仍有其他的技巧帮你脱困。

许多学生认为，一旦碰到读不明白的内容，就应该停止，对不懂之处一读再读，直到真相大白抑或东方既白。

这样做几乎总是行不通。我常告诉我的学生，应该继续读下去。记住你遇到了困难，不要装作若无其事，继续读下去，通常下一句话或是下一段话就会解决你的问题。

以下是一个例子，取自我和戴维·托尔合著的《数学基础》（*The Foundations of Mathematics*）。在《数学基础》的第十六页介绍了实数，我们做了以下的评论："古希腊人发现存在某些线条，它的长度理论上不能被有理数所度量。"

某些人可能就此停了下来。到底"度量"是什么意思？它还未被定义，也未出现在索引中。古希腊人如何发现这个事实呢？我是否应该在之前的课程里就已经学过？或是从这门课？我漏上了一次课吗？不论你重读多少次，课本之前的内容都是毫无帮助的，不论你花几个小时都不会有作用。

所以应该继续研读下去。接下来的几句就会解释，勾股定理将得到一条线段，它的长度等于 2 的平方根，也就是不存在有理数 m/n，使得（m/n）^{2}=2。任何一个正整数只能分解成唯一一组质数之积，上述结论因此可以轻易证明。证明的结果可以总结为："没有一个有理数的平方为 2，因此直角三角形斜边的长度不等于有理数。"

到目前为止，所有的事情或许都处于合适的位置上。"被度量"意指"长度等于"。古希腊人的推理常用如此非正式的方式拐弯抹角地陈述，勾股定理所用的论证方式也正是如此——知道毕达哥拉斯是古希腊人有助于我们增进对此的了解。你应该可以明了，"2 的平方根不是一个有理数"等同于"没有一个有理数之平方等于 2"。

谜题解开了。

如果你勇敢地继续研读下去，却仍然无法理解，就应该向助教或老师求助。通过尝试自己解决问题，你的心灵将活动起来，因此更容易理解老师的解释。这很像庞加莱研究的"孕育"阶段。如果天气状况良好，风向适当，就会受到启发。

还有其他可能性。从老师处得到的帮助或许很重要，即使如此，你也应该尝试做点准备。当你对某些数学不了解时，这通常是因为你之前未能适当了解某些其他的数学，但教科书却假定这些数学你早就已经知道。还记得数学知识呈现倒金字塔的形状吗？你可能忘了有理数是什么、毕达哥拉斯证明了什么，或是平方根和平方的关系，或是不了解为何质数因子分解的唯一性很重要。如果你记得这些，则你不需要帮助就能理解"2的平方根是无理数"的证明。否则，你需要反复演练有理数、质数因子分解或基础几何的知识。

你需要将某些洞见注入你自己的思考过程，一如运用一些规则，找出你的不懂之处，并将其与当前的困难联系起来。你的老师知道如何处理，也会随时关注这些事情，然而这对你也是很重要的技巧，要尽量学会使用它们。

总之，如果你陷入困难，不管如何，仍然应该继续研读，或许可以找到答案。但当这招无效时，记住是哪里看不懂，然后回头翻阅，一直到某个你确信能够了解的地方，然后再继续往下读。

这个过程和解决迷宫的一般方法很像——计算机科学家称此方法为"深度优先搜寻法"（depth first search）。如果可能，尽可能深入迷宫，如果卡住，就回到有分岔的前一地点，然后走另一条路，绝对不要重复已走过的路，这个规则将引导你安然走出任何迷宫。将这方法应用于学习上时，虽然不能保证一定行得通，但仍然是个良好的技巧。

我在当学生时，将这个方法用到极致。我阅读数学教材常用的方法是从头翻阅，直到发现有趣的东西，然后再回头阅读，读懂所有需要知道的，以便阅读我有兴趣的部分。我不建议其他人也如此做，但这的确显示出还有其他的阅读方法，未必一定要从第一页读起，然后一页接着一页，一直到第两百五十页。

让我告诉你另外一个有用的技巧，它或许看起来像是一个繁重的额外工作，但我向你保证，你将获益良多。

阅读和主题相关的书籍。

不能只是研读指定的内容。书籍很昂贵，但大学有图书馆，找到几本同样主题或相似主题的书，以非常轻松的态度去研读，跳过那些太难或太无聊的东西，集中在那些吸引你注意力的内容上。你会非常惊讶地发现：你所阅读的内容到了下星期或明年将变得很有用。

我在去剑桥攻读数学前的那个暑假，以轻松的方式读了数十本书。我记得其中一本书是关于"向量"，作者将其定义为"一种具有大小和方向的数量"。我那时对这个定义没有太多感觉，但我喜欢优雅的公式和充满箭头的简单图形，我也多次浏览了这本书。之后我忘记了这回事，直到在学校第一次上向量课，突然间所有一切都各就各位。上课没多久，我就了解了作者尝试告诉我的每一件事，所有的公式显而易见：我知道为何它们是对的。

我只能假设，在此期间，我的潜意识一直都在运作，就如同庞加莱所主张的那样，潜意识已经从我对向量散乱的印象里创造出某种秩序，只需等待少数的简单线索，就能形成一致的图像。

当我说"阅读和主题相关的书籍"，指的不只是技术性的东西，也要阅读埃里克·坦普尔·贝尔（Eric Temple Bell）所著的《数学大师》（*Men of Mathematics*）。虽然其中一些故事不是真实事件，且几乎未曾谈论到女性，但此书仍值得一读。要撷取过去伟大著作的精华。詹姆斯·纽曼（James Newman）所著四大册的《数学的世界》（*The World of Mathematics*）是一套迷人的书，里面描述从古埃及到相对论的数学发展。近来出版了许多关于数学科普的书籍，有关黎曼猜想、四色定理（four color theorem）、圆周率、无限、数学的狂想家、人类头脑如何思考数学、模糊逻辑（fuzzy logic）、斐波那契数列（Fibonacci numbers）等；甚至还有包括有关数学应用的书籍，例如达西·汤普森（D'Arcy Thompson）所著的经典《成长和形态》（*On Growth and Form*），是关于生物的数学模式。这本书完成的时间远在 DNA 结构被发现之前，或许单从生物学的观点已经过时了，但整体信息仍然有用。

这些书将扩展你对数学是什么、数学可以做什么和数学在人类文明中的定位的理解。这些主题应该不会出现在你的考题里，但对这些议题的认知将让你成为更好的数学家，让你更有自信能够掌握任何新主题的重点。

　　还有一些特定的方法可以帮助你改进学习技巧。著名的美国数学教育家乔治·波利亚（George Pólya）在《怎样解题》（*How to Solve It*）里记载了许多技巧，他认为适当理解数学的唯一方式是动手去做，着手对付问题并解决它。波利亚是对的，但是如果所有问题都无法找出答案时，便不能这样做了。所以你的老师会给你一系列经过谨慎挑选的问题：从一般的题目开始，然后才是更有挑战性的问题。

　　波利亚提供了许多技巧，让人可以提升解决问题的能力。他的解释远比我的更易让人理解，以下是一个例子。如果问题看起来令人困惑，那就先予以简化。找出一个好的例子，用来试试你的想法，然后将此简单例子的解法推而广之，应用于原先那令人困惑的问题。例如，如果问题是关于质数，则先试试 7、13 和 47。或是尝试从结论向前推导，需要何种步骤才能得到结论？又或是尝试几个例子，看看是否可以找出共同的模式。如果能找到一个，就试试证明它总是如此。

　　梅格，你在信件里已经注意到，高中和大学的最主要差别，在于大学生更容易被当成大人对待。这代表在很大程度上，你必须对自己负责——顺境或逆境、及格或不及格，或是找另一个科目去主修。虽然有许多人可以帮助你，但你必须主动寻求协助，不太可能像高中时那样，某个人会走到你身旁说道："看起来你正面临困难。"

　　另一方面，自我充实的奖赏非常优渥。如果你不是问题人物，也不需要受到特别的关照，你的高中老师会相当庆幸。除非你很幸运，否则高中对一个极度优秀的学生的奖赏（除了分数外），大概最多只是课外社团或是一两个奖项。但在大学，你将会碰到真正的学者，他们正在寻找能够真正从事数学研究的年青人。如果你有能力，他们正等待你表现自己。

第八封信

对证明的恐惧

亲爱的梅格：

　　你的见解相当正确：中学数学和大学数学的最大差异在于证明。在中学，我们学到如何对方程式求解或算出三角形的面积；在大学，我们则学到为何这些方法行得通，并且要证明它们行得通。数学家专注于"证明"，这的确让很多人退避三舍，我称这些人得了证明恐惧症。相反地，数学家是证明的爱好者：不论存在多少非主要的证据支持某个数学陈述，真正的数学家绝对不会感到满意，除非这个陈述获得证明——要求绝对符合逻辑，一切都精确清楚，没有模糊地带。

　　这样做有很好的理由。证明给某个对的想法提供了坚实的保证，不论有多少的实验证据都无法取代证明。

　　让我们关注证明以及它和其他形式证据的不同之处。我不想用涉及技术性数学的例子来说明，因为这会模糊了证明内在的概念。我常用的非技术性证明是船—船坞（SHIP-DOCK）定理，这是一种文字游戏，每一次只能变动一个字母，例如CAT、COT、COG、DOG。每一步，你只能改变（不是移动）一个字母，改变后的单词必须是一个有意义的单词（例如可以在《韦氏词典》里查到）。

解开这个字谜并不会特别难，例如：

SHIP

SHOP

SHOT

SLOT

SOOT

LOOT

LOOK

LOCK

DOCK

还有许多其他的答案，但我对个别的答案不感兴趣，我只在乎那些可以应用在每一个答案里的东西。也就是说，在某个阶段，一定有某个单词会包含两个元音字母，例如上述答案里的 SOOT、LOOT 和 LOOK。这里我指的是刚好两个元音字母，不多也不少。

为了避免产生异议，让我厘清"元音字母"是什么。一个棘手的问题是字母 Y，在 YARD 里 Y 是一个辅音字母，但在 WILY 里却是一个元音字母。同样地，在 CWMS 里 W 是一个元音字母：cwm 是一个韦尔斯语，意指一种地质的形成，英语里似乎没有对应的词，而苏格兰语中 corrie 和法语中的 cirque 是同义字。我们必须非常小心，某些字母有时做元音字母用，有时却是辅音字母。事实上，避免使用此类词（所有拼字游戏玩家的最爱）的最安全方式，就是丢掉《韦氏词典》，并以较狭窄的意思重新定义"元音字母"和"辅音字母"。为了方便讨论，将元音定义为 A、E、I、O、U，一个"单词"必须至少包含这五个元音字母中的一个；或者，我们也可总是将 Y 和 W 视为元音字母，即使有时它们实际上用作辅音字母。在这个脉络下，我们不能做的是：让某个字母有时是元音字母，有时又当成辅音字母——我稍后将再回来讨论这一论点。

语言学里正确的规则是什么，在这里无关紧要，我设计了一个暂时的规则，用于特定的数学目的。在数学中，有时取得进展的最佳方式就是进行简化，这也正是我的做法。简化并不是控制外在世界条件，而是限制论述领域的方式，以便于管理。更复杂的分析或许可以处理如 Y 这样例外的字母，但也会使得我想说的故事更加复杂。

在这个附加条件之下，我是对的吗？对 SHIP-DOCK 谜题的每一个答案，是否真的包含一个恰好有两个元音字母（符合新的狭隘定义）的单词呢？

探究上述观点的方式之一，是去寻找其他的答案，例如：

SHIP

CHIP

CHOP

COOP

COOT

ROOT

ROOK

ROCK

DOCK

此处，我们在 COOP、COOT、ROOT 和 ROOK 中发现两个元音字母。但即使多个别的答案都可找到两个元音字母，也不能就此证明它一定如此。一个证明过程需要合乎逻辑的论据，完全没有可怀疑的地方。

在若干的实验和思考以后，我在此提出的"定理"似乎开始逐渐明晰。花越多时间思考元音字母如何改变它们的位置，字符串里的某个单词必须恰好含有两个元音字母这个事实就变得越明显。但感觉某件事已很"明显"，并不构成一个证明。此外，这个定理存在某些微妙之处，因为某些四个字母所构成的单词里含有三个元音字母，例如 OOZE。

但……在通往三个元音字母的道路上，无疑必须通过一个具有两个元音字母的单词？我同意这样的看法，虽然它对我们给出证明会有所帮助，但这称不上是一个证明。为什么我们必须先有两个元音字母的单词？

找出证明的一个很好的方式，是对细节更在意。留意何处出现元音字母：上述字符串中，元音字母最早出现在单词的第三个位置，而到最后，元音字母应该出现在单词的第二个位置。此处有一个简单但重要的认知：一个元音字母不能仅用一个步骤就改变位置，因为如此做将改变两个字母。让我们厘清这个概念，好进一步利用它。以下为其中一个证明：在某个阶段，在单词的第二个位置上的辅音字母需要变成元音字母，而其他字母不变；在其他阶段，第三个位置上的元音字母则必须变成辅音字母。或许其他的元音字母和辅音字母也进行互换，但无论如何，我们现在可以确定：一个元音字母不可能只经过一个步骤就改变其在单词中的位置。

单词中元音字母的数目如何改变？它可以维持不变，可以增加一个（当一个辅音字母变成一个元音字母），可以减少一个（当一个元音字母变成一个辅音字母），除此以外不存在其他的可能性。元音字母的数目开始时为一个（SHIP），结束时也是一个（DOCK），但不可能在每一个步骤都维持为一个，若是如此，这唯一的元音字母将停留在单词里的同一位置上（第三个位置），而我们知道到最后，元音字母应该出现在第二个位置。

想法如下：思考当元音字母数目第一次改变时的那个步骤。在此步骤之前，元音字母的数目始终为一个，因此在那个步骤它从一个变为零或两个，因为元音字母数目只能增加或减少一，所以只会有这两种可能性。

可能为零吗？不可能！若为零则代表一个单词完全没有元音字母，但根据我们之前狭义的定义，没有"单词"可以如此。所以这个单词将包含两个元音字母——证明结束。我们几乎未开始分析问题，证明就自我显现。当你遵循最小阻力原则，这样的事通常会发生。切记，当最小阻力原则毫无用处时，事情将真正开始变得有趣。

使用例子去检验证明总是适当的做法，因为你通常可从中发现逻辑上的错误。所以让我们计算下列字符串的元音字母数目：

SHIP　　　一个元音字母

SHOP　　　一个元音字母

SHOT　　　一个元音字母

SLOT　　　一个元音字母

SOOT　　　两个元音字母

LOOT　　　两个元音字母

LOOK　　　两个元音字母

LOCK　　　一个元音字母

DOCK　　　一个元音字母

前述的证明要求找到一个单词，这个单词的元音字母数目不为一，亦即 SOOT，它有两个元音字母。我们用上述字符串去检验证明的对错。此外，元音字母的数目的确在每一步骤中最多只增减一。但单是这些事实并不能保证证明是对的，为了确证正确无误，你必须检查逻辑链，确认每一个逻辑连接都正确无误。请多想想看，这里的证明是否如此。

注意直觉和证明的差别。直觉告诉我们，SHIP 里唯一的元音字母不能改变位置，除非先有另一个元音字母出现在某个其他位置。但直觉不构成证明，只有当我们尝试将直觉定型化，证明才会显现。是的，元音字母的数目要改变，但何时呢？这个改变看起来像什么？

我们不只确定必须要有两个元音字母，我们还了解为何两个元音字母无法避免。而且，我们还免费获得了额外的信息。

如果一个字母一会儿是元音，一会儿又是辅音，以上的证明将无效。例如，每个单词都只包含三个字母的字符串，如下：

SPA

SPY

SAY

SAD

如果我们把 SPY 里的 Y 视为元音字母，但把 SAY 里的 Y 视为辅音字母（这可以说得通但也会引起争论），则每一

个单词就只有一个元音字母，但元音字母的位置移动了。将
SHIP 转变成 DOCK，我认为这个效应不会产生麻烦，但却必
须对字典中实际的单词做出更精细的分析——实际的世界可
能一团混乱。

字谜很有趣（尝试将 ORDER 转变成 CHAOS 看看），这
个例子也会教导我们关于证明、逻辑和理想化。当我们使用
数学去塑造真实世界，理想化是常用的方法之一。

关于证明，存在两大议题。数学家的忧虑之一是：证明
是什么？世人则有不同考虑：我们为何需要证明？

让我先回答后面的问题，之后的信件再回答前面的问题。

我了解，当人们提问为何某件事是必要的，通常是因为
他们做这件事时会感到不舒服，希望可以不要去做。一个懂
得如何建构证明的学生，从来不会问证明是做什么的。事实上，
一个能同时倒立并进行大位数乘法的学生，绝不会问为何要
这么做。享受某项行动带来愉悦感的人们，几乎不会觉得需
要去怀疑这个行动的价值。所以询问为何我们需要证明的学
生，可能难以了解证明或是建构自己的证明。他们希望老师
回答："根本不需要担忧证明，它们毫无用处，我会从教学
大纲里移除，考试也绝不会出证明题。"

想得美！

他们问的仍是一个好问题。若我到此为止不再回答，那
就是逃避这个议题，便跟那些害怕证明的学生没有两样。

数学家需要通过证明好让自己诚实正直。所有人类行为

的技术性领域都需要经受现实的检验。光是相信某事可以运作、适合继续进行，甚或一厢情愿相信它是真的，这样是不够的。我们需要知道为何它是真的，否则我们将什么都不知道。

工程师借着建造物体来测试想法，看看建造的物体是能立起来还是会崩解。使用计算机仿真来取代建造实体模型日益普遍，例如用以测试桥梁是否会坍塌。计算机仿真技术使用物理学和数学作为基础，作为计算中使用的规则来源和执行这些规则的算法。即使如此，未预料到的问题还是会出现。位于伦敦、跨越泰晤士河的人行千禧桥，在计算机上看来一切正常，但当开放人们通行时，突然发现桥会左右大幅摇晃。虽然安全不成问题，不至于坍塌，但过桥绝对不是愉快的体验。后来发现，桥会左右摇晃是因为模拟时假设人们是平滑移动的物体，忽略了真实行进时脚步引起的震动。

军方很早就知道，当军队过桥时，士兵的步伐应该尽量不一致，因为数百只右脚整齐划一的冲击可以导致桥梁震动并造成损害。我猜测罗马人已经知道这个道理。没有人会想到，当人们随机过桥时，也会引起类似的同步效应。不过，人们过桥时会对桥自身的震动做出反应——以相似的方式，在大约相同的时刻。所以当桥稍稍移动（或许受到一阵强风吹袭），在桥上的人们便开始同步移动，而人们的步伐越趋于一致，则桥梁移动越大，这反过来又增加了步伐的一致性。很快地，整座桥开始左右摇晃。

物理学家使用数学去研究他们所说的真实世界。在某种意义上它是真实的世界没错，但多数的物理学探究现实世界里相当人工化的层面，例如一个单独的电子，或是只有一个行星的太阳系。物理学家经常忽略证明，部分原因出于对证明的恐惧，但也因为实验给了物理学家一个有效的方式，去检验他们的假设和计算。如果一个直觉上合理的想法获得了实验上的验证，那么将整个主题拖上十年、五十年，甚或三百年，直到有人发现严谨证明之时才公之于世就毫无意义。我完全同意上述观点，例如，量子场论里的某些计算缺乏严谨的逻辑基础，但计算结果和实验结果直到小数点后的第九位数都相符合。如果认为这个相符性全然是意外、没有任何物理原则牵涉其中，将是很蠢的想法。

然而，数学家就此接手并继续研究。在如此令人深刻的一致性之下，如果我们不尝试找出深层的逻辑去证明计算的正确性，则属同等愚蠢。而这样的研究应直接导致物理学的进展，如若不然，也无疑会造成数学的进步。此外，数学常对物理学产生间接冲击，或许可能导致物理学上不同分支的产生，若果然如此，则又是额外的收获。

梅格，你该了解证明是必须的，即便是对那些不想和证明扯上关系的人们而言也是如此。

计算机是否可以解决一切？

亲爱的梅格：

计算机的计算速度确实较人脑快非常多，也更为准确，我猜这将导致你的一些朋友质疑你研究的价值。有人因此认为计算机让数学家过时了，但我可以保证：我们并未被计算机淘汰。

如果有人认为计算机可以取代数学家，那他必定不了解计算和数学。这就如同认为既然已有了显微镜，则不再需要生物学家一样。或许这样的错误认知根源于认为数学仅仅只是算术。那么既然计算机的计算能力又快又好，我们为何还需要人脑呢？但数学绝对不是算术而已。

显微镜借着展现新的研究方式，使生物学更加有趣，计算机和数学的关系也是如此。计算机为数学家所做的非常有趣和重要的事情，是让实验得以更快地完成。这些实验测试假说，有时会揭示我们想要证明的东西是错的。另外，计算机也日渐用于执行庞大的计算，从而让我们得以证明原先无从证明的定理。人们认为数学包括大量的加减乘除，他们有时是对的。

以哥德巴赫（Goldbach）猜想为例，在 1742 年，业余数学家克里斯丁·哥德巴赫（Christian Goldbach）在给莱昂哈德·欧拉（Leonhard Euler）的信中说道：在就他可验证的范围内，每一个偶数都可写成两个质数的和。例如，8 = 3+5，10 = 5+5，100 = 3+97。由于使用手算，哥德巴赫只能使用少数的一些数字对这个猜想进行测试。但使用计算机，则可以轻易测试数十亿的数字（目前的纪录是 2×10^{17}）。过去只要有人进行检验，都发现哥德巴赫是对的，然而尚未有人找出可以使猜想成为定理的证明。

为何要担心？如果上亿次的检验都支持哥德巴赫的猜想，是否可确证他所说的必定是对的？

问题是数学家使用定理去证明其他的定理。基本上，一个单独的错误陈述将会毁掉整个数学。（实际上，我们要留意错误的可能性，将可能引起问题的陈述放置一旁，并避而不用。）例如，数字 π 就相当困扰人，最好不要有这个数字。我们或许认为可以用 3 或 22/7 来代替 π，而不致造成问题（根据某段模糊不清的句子，某些人认为《圣经》主张 π 等于 3）。①

---

① 《圣经》"列王记上"第七章第二十三节记载："户兰铸了一个圆的铜海，深两公尺两公寸，直径四公尺四公寸，圆周十三公尺两公寸。"如果我们假设几何形状为圆形，假设测量完全准确，则圆周是直径的三倍，亦即π=3。但上述《圣经》文字很明显不是有意要成为精确的数学陈述。

如果你想要做的只是使用 π 去计算圆的周长或其他类似的东西，一个好的、足够的近似值将不致造成太大误差。

然而，如果你真的认为 π 等于 3，后果将很严重，一个简单的推理将得到一个令人意想不到的结果。若 π 等于 3，则 π–3=0，然后等号两边同除以 π–3（感谢阿基米德，我们知道 π–3 不等于零，所以可以当分母），最后得到 1=0。等号两边同乘上一个任意数，则我们证明所有的数字都等于零。接着可以证明任何两个数字都相等。所以当你走进银行，从你的账户提取 100 元时，银行柜员可以只给你 1 元，并坚称两者没有差异；而事实上真的没有差异，因为你可以走进尼曼·马克斯（Neiman Marcus）百货公司或劳斯莱斯（Rolls Royce）汽车的经销商，解释你的 1 元等于 100 万元。更有趣的是，凶手不该被关进监狱，因为杀一个人等于杀零个人；另一方面，一生从未碰过毒品的人们应该被送进监狱，因为未持有可卡因等于持有 100 万吨的可卡因。以此类推……

数学的事实彼此契合，并经由逻辑推导新的事实。一个演绎的有效性和其最弱环节相当，为了安全起见，所有弱的环节都必须被移除。因此，例如使用计算机去计算不超过 20 位数的数字运算，以总结哥德巴赫假说为真，是危险的做法。

你大概会认为我过于迂腐，如果一个陈述对如此大的数字都为真时，它就该为真。但真是这样吗？

并非如此！从一开始，20 个位数的数在数学世界里就属非常微小的数，数字的海洋延伸至无限大，因此甚至 10 亿位数的数字在某些情况下仍然很小。质数定理是一个经典的例子，虽然质数序列不存在明显的模式，但存在统计上的规律性。约在 1849 年之前不久，卡尔·弗里德里希·高斯（Carl Friedrich Gauss）在他的信件里说道：比某个特定数字小的质数数目和那个特定数字的"自然对数积分"有关。不久有人就注意到，近似值似乎总是比正确值来得大一点。而计算机实验验证了数十亿的数字，结果都支持此一性质。

但上述的通论是错的。在 1914 年，约翰·利特尔伍德（John Littlewood）证明，正确值和对数积分的近似值无限次互换位置，但还没有人知道哪一个数字的近似值将首次小于正确值。到了 1933 年，利特尔伍德的学生塞缪尔·施库斯（Samuel Skewes）证明这个数字至多不超过 $10^{10000000000000000000000000000000000}$ 位（指数部分有 34 个零）。此外，他的证明牵涉了某个假设——恶名昭彰、未被证明的黎曼猜想。在 1955 年，施库斯证明，如果黎曼猜想不成立，则指数部分的 34 个零必须增加为 1000 个零。请不要忘了，这个巨大的数字并不是我们要找的数字，我们要找的只是那个数字的位数而已。

施库斯的数字目前已被减少成为 1.4×10^{316}，相较之下，这仍是一个很小的数字。

数字如此大，和我们使用计算机所做的实验完全无关。此外，就数论而言，这种大小的数字相当常见。

如果我们只是尝试使用对数积分去接近正确值的话，则无须在意上述的议题。但数学从旧的事实演绎出新的事实，如同 π 的例子，如果旧的事实是错的，则后续的演绎将摧毁数学的整个基础。不论计算机运算的应用多么广泛，我们仍需使用我们的脑袋。计算机可以产生宝贵的帮助，但只有当需要大量计算之时才用得上。我们尚未被我们的创造物所取代。

第十封信

讲述数学故事

亲爱的梅格:

　　在我的上一封信里,我告诉你为何数学证明是必须的。现在回到我提出的另一个问题:什么是证明?

　　最早的证明记录,它同时论及证明的必要性,出现在约公元前 300 年,欧几里得所著的《几何原本》(*Elements*)之中。《几何原本》使用逻辑贯穿大部分的希腊几何学,它从两种基本的假设开始——公设(axiom)和公论(common notion),两者基本上都是一些假设。例如,"公设四"陈述"所有的直角都相等","公论二"陈述"等量加等量,总量仍相等"。两者的主要差别在于,公设和几何有关,而公论与等式有关。现代的做法是将两者统称为公设。

　　这些假设用于提供一个逻辑的起点,丝毫不用去证明它们。对欧氏几何学来说，这些只是"游戏规则"。你完全可以不同意这些假设，然后自创出新的假设。这样做的话，你就在使用不同的规则，从事不同的游戏。欧几里得所做的不过是尝试让他的游戏规则变得清楚明确，好让玩家知道他们的立足之地。

这种公设的方法，到今天都还在使用。之后的数学家观察到欧氏逻辑上有缺口，某些未明说的假设也应该包括在公设之内。例如，任何经过圆心、足够长的直线必会和圆周相交。某些人尝试证明欧氏最复杂的公设：平行线既不相交，也不分离。但到了最后，这些努力皆徒劳无功，这也显现出欧氏的绝佳品位。过去几百年，公设的方法导致了许多难题，带来了哲学上的混淆。例如哥德尔发现，如果数学具有逻辑上的一致性，则我们永远无法证明它是如此。因此，若是必须，我们只能接受哥德尔的不确定性。事实上，也的确必须接受。

数学逻辑的教科书将证明的叙述根植于欧氏模型。教科书告诉我们，一个证明从公设或之前已经证得的结果开始，再经过逻辑演绎的有限步骤，最后的结论称之为定理。假如每一个步骤都遵守逻辑推论，则定理得证。关于逻辑，可参阅任何有关基本逻辑的书籍。

如果你质疑公设，你便可以质疑定理。如果你偏好其他推论的规则，也可以创造自己的规则。但只有一点要记住：使用那些推论的规则时，接受公设就代表着接受由之演绎而来的定理。若你让 π 等于 3，就必须接受所有的数字都相等；

若你希望不同的数字就是不同，那就必须接受 π 不等于 3。你绝对不能做的是挑选和混合：让 π 等于 3，且让 0 和 1 不相等。上述的概念简单明了。

"证明"的这个定义已为人熟知，但就像是将交响乐定义成"一系列不同音调和音节长短的音符组合，从第一个音符开始，到最后一个音符结束"。如此定义像是少了什么。此外，很少有人遵照书本描述的逻辑方式写下证明。1999 年，当时我正在沉思这两者的差异，刚好受邀参加在瑞典阿比斯库（Abisko）举行的研讨会，主题是"科学的故事和故事里的科学"。阿比斯库位于拉普兰德（Lapland），在北极圈以北。总共大约有三十人与会，包括科幻小说家、科普作家、新闻记者、科学史学家，与会人士将花一个星期的时间以寻求共识。我在烦恼应该对他们说些什么之时，突然了解到证明究竟是什么。

证明是一个故事。

证明是一个数学家告诉另一个数学家的故事，这个故事以他们之间的共同语言来表达。这个故事有一个开始（假说）和结束（结论），但若存在任何逻辑上的错误，则此故事将立即以失败收场。由于听众已经事先知道，或是希望讲述者能继续维持故事主线，因此任何惯常的程序或明显的事物都可以被省略。如果你正在阅读一本间谍小说，其中男主角吊在直升机垂下的绳索上，而绳索正在燃烧，底下又是深谷，你应该不想花十页的篇幅去知道有关重力和高速冲击下的身体反应，而是想要知道他如何解救自己。证明也是如此，"不要花时间求解二次式，我已经知道如何做。但告诉我，为什么它的解确定了极限循环的稳定性？"

在我所写论文（转载于《阿比斯库任务》）[①]里有以下内容：

> 如果证明是一个故事，则令人难忘的故事必定是一个绝妙的冒险故事。如此一来，如何去建构证明？我们不需要使用正式语言去检查每一个微小的细节，我们需要故事主线清楚明晰。需要改进的不是证明的语法，而是语义。

也就是说，证明的重心不在于"文法"，而在于意义。

在那篇论文里，我将模糊不清和比较正式的表述方法（所谓"结构化证明"的想法）进行了对比。结构化证明（structured proof）受到计算机科学家莱斯利·兰伯特（Leslie Lamport）的支持。不论何种情况，结构化证明的每一步骤都必须明显合乎逻辑，兰伯特极力主张结构化证明可以作为教学上很好的辅助，它无疑也有助于确保学生真正了解细节。他所举的例子包含以下轶事：一个称为施罗德—伯恩斯坦（Schröder-Bernstein）定理的知名结果。格奥尔格·康托尔（Georg Cantor）发现某种方法，可以让他使用一种称之为"超限数"

[①] *Mission to Abisko*（eds. J. Casti and A. Karlqvist），Perseus, New York 1999, 157-185.

（transfinite number）的广义数字，去计算一个集合里有多少元素，这种方法即使对无限集合也适用。施罗德—伯恩斯坦定理告诉我们，若两个超限数彼此小于或等于对方，则它们实际上必须相等。兰伯特使用约翰·凯利（John Kelley）所著的经典教科书《普通拓扑学》（*General Topology*）上课，这本书里包括了施罗德—伯恩斯坦定理的证明，但当学生需要的额外细节被加入证明以后，凯利的证明反而出现了错误。

几年以后，兰伯特不再记得错误出现于何处，整个证明看起来似乎正确无误。但只要花五分钟写下一个结构化证明，错误就再次显现。

由于我在自己的教材里也放入施罗德—伯恩斯坦定理的证明，我开始担心了。我检查了凯利的证明，但无法找出错误，所以写了一封电子邮件给兰伯特。他建议我写下一个结构化证明，于是我放弃系统性地遵循凯利的论证，转而使用一个不太正式的方式去建立一个结构化证明，最后终于发现了错误之处。

施罗德—伯恩斯坦定理的一个典型证明是从两个集合开始，它们对应两个超限基数，每一个集合再分成三个片段，并使用纯粹为这个特别证明所建立的"原型"（ancestor）概念，而且这些片段被配了对。事实上，这个证明诉说的是关于两个集合和它们组成片段的故事。虽然这不是故事里最吸引人的部分，但它具有清楚的情节，是令人记忆深刻的神来之笔。幸运的是，在我的教科书里，使用的是经典版本的证明，而非凯利的版本，他的故事是错误的。我猜测凯利想要对经典版本进行简化，但却做过了头，以致违反了爱因斯坦的格言："简则明，过简则迷。"

这个错误的存在支持兰伯特关于结构化证明的观点，但我的论文有如下表述：

> 还有其他不相矛盾但互补的解释——凯利将一个好故事给讲砸了。就像使用维尼熊、小猪、屹耳驴来诉说三剑客的故事，故事的某些部分仍然合理，例如它们牢固的友谊，但其他部分如永不止息的决斗就不是了。

如果从教科书的角度思考证明，则所有的证明都处于相同的基础之上，就如同所有的音乐都像位于五线谱上的蝌蚪——除非你是个专家，并能够在你的脑中"听到"整段音乐。但当我们将证明视为一个故事，那么就像音乐一样，有好坏之分和动人、无趣之别。证明产生一种美感，所以一个真正好的故事可以是一件杰作。

保罗·艾多斯（Paul Erdös）对证明之美有一种非传统的看法。他是个怪异和聪明的数学家，而且可能是和最多人合作过的数学家。你可以通过阅读保罗·霍夫曼（Paul Hoffman）所写的《数字精神》（*The Man Who Loved Only Numbers*），来了解他的生平故事。任何和他合写论文的人都为艾多斯数字1，而和艾多斯数字1的人合写论文的人则为艾多斯数字2，余下以此类推。这是"凯文·贝肯游戏"（Oracle of Kevin Bacon）的数学家版本。在"凯文·贝肯游戏"里，根据曾在同一部电影里和贝肯一起演出，或是和曾与贝肯一起演出的演员一起演出来进行分层，余下以此类推。我的艾多斯数字是3，因为我从未与艾多斯一起合写过论文，也不属于艾多斯数字2这个层次，但我某个共同作者的艾多斯数字为2。

不论如何，艾多斯将所有一切归于上帝：上帝有一本书，里面包含所有最佳的证明。只要艾多斯看到一个让他印象深刻的证明，他就宣称这个证明来自"这本书"。根据他的观点，数学家的工作是从上帝的肩上偷看，并将造物主的创造之美分享给其余的人。

艾多斯的神圣之书是一本故事书。我以下述内容结束我在阿比斯库的演讲：

今日的心理学家告诉我们，如果没有情绪的支撑，我们心灵的理性部分将不会有作用。我们能做到遵循理性，应该是因为先对理性产生了一种情绪上的承诺……不论结构化证明有多优雅，我想我对结构化证明不会有太多热情，但我却能够感受故事中数学主线的力量，这是在我心中发生的永难忘怀之事……我宁愿我们增进证明的故事性，而非只是将证明分解后，依序储存在档案柜内。

第十一封信

全力以赴赢得胜利

亲爱的梅格：

　　如果你想要成为一个千古留名的登山者，则必须登上一座从未有人征服过的高峰。如果你想要成为一个非常知名的数学家，最佳的方式为解开长久以来未解的谜题，例如庞加莱猜想、黎曼猜想、哥德巴赫猜想和双质数猜想（twin primes conjecture）。

　　当你还是博士研究生时，野心太大不是一件好事！大的问题就如同一座高山，非常危险。你可能花了三到四年的时间，并做了许多非常正确又精彩的事情，但结果却仍然一事无成，无法达成目标。这是数学和其他科学的主要不同点：如果你完成一系列的化学实验，不论实验结果是否支持你指导教授的理论，你都可将结果写下来。但数学不是如此，通常在论

83

文里不允许出现以下字句："我是如何尝试解决这个问题，但碰到哪些问题以致无法解决。"

即使数学教授也必须对大的问题谨慎从事。现今的大学期待教师有生产力，也通常用每年发表的论文数量来衡量生产力。所以如果五年内都没有任何研究成果发表，但却解出了庞加莱猜想，这将可使你终生无忧，不过前提是这五年内还能保住工作。但如果五年内没有任何论文发表，且又未能解出庞加莱猜想，则无疑会被解聘。

明智的妥协是花部分时间在大问题上，其余时间则花在较小的、可解的，但仍值得做的问题上。如果能活在允许我们只专注在大问题上的世界里那非常好，不过我们的世界并非如此。然而少数勇敢的心灵毕竟找出了方法，来从事大问题的研究，并获得了成功。在他们的努力下，长久不得其解的猜想得到了证明，从而变成了定理。

在我寄给你的前一封信里，曾经提到证明就是一个故事。通常一部小说包含七个情节，古希腊人早已了解此一观点。同样，数学证明似乎也只有很少的几条叙述要点，但对此古希腊人只知道其中之一：欧几里得简短、亲切和极为聪明的论证，使得"故得证"（QED）成为家喻户晓的词汇。

我们为何创造出长达数百、数千页的证明？或是使用大型的计算机网络，从事数个月的计算以证明某事？对那些大的开放问题，越来越多的人使用上述的方式来获取证明。相对于古希腊人熟知的短而令人信服的故事——证明，上述证明方式像是史诗，甚或像是故事的长循环，但故事主线却可能隐没在章节中细微的次要情节里。艾多斯关于上帝创造的数学之美的版本到底怎么了？这些篇幅巨大的证明真有必要吗？它们如此庞大，难道只是因为数学家太笨，以致不能找到在神圣之书里简短优雅的版本？

怀尔斯对费马最后定理的著名证明便长达一百页，且整篇充满高度技术性的数学知识。科技记者约翰·霍尔根（John Horgan）写了一篇题为"证明之死"的文章作为响应。霍尔根举出种种理由说明为何证明已经开始变得过时，他的理由包括：计算机的使用、证明从数学教科书里消失，以及今日如怀尔斯等的极伟大证明。他将胜利扭曲为失败，将历史性的成就视为坏消息，这非常有趣。就像是人类登陆了月球，但焦点却放在火箭所用尽的昂贵燃料之上。

或许怀尔斯的证明太过庞杂，但却讲述了一个绝妙的故事。他必须使用众多的数学工具去解开看起来简单的问题，就像物理学家需要长达数英里的粒子加速器，以研究夸克。怀尔斯的证明绝非邋遢庞杂，而是丰富美丽的。这一百页的证明有一个剧情和故事主线，专家可以快速翻阅细节，并依循叙事主线，留意逻辑的指引和强烈的悬疑元素：英雄是否可以在最后几页征服费马最后定理？抑或是费马的鬼魂将继续嘲弄数学研究者？没有人会因为《战争与和平》这本书文字太多，或是《芬尼根守灵夜》（*Finnegans Wake*）没有列入学校教材，就主张文学已死。职业数学家可以处理上百页的证明，甚至是上万页的证明——如有限单群分类定理（finite simple group classification theorem）证明的总长度，这个定理综合了几十位数学家在过去数十年间的成果——都不会使之畏缩。

我们没有理由期待，每一个短而简单且为真的陈述都会有一个短而简单的证明。事实上，或许我们该期待长且繁杂的证明。哥德尔证明，某些短的陈述有时原则上将要求长的证明。但我们永远难以事先知道哪些证明会很长。

费马生于 1601 年，他的父亲是皮货商，母亲出生于国会法官的家庭。在 1648 年，他在图卢兹（Toulouse）当地议会担任国王的顾问，直到 1665 年去世前，都担任此一职位，就在去世前两天，刚主持完一场官司。他从未在学术界谋得任何职位，但数学是他的最爱。数学史学家贝尔（Bell）称他为"业余数学家之王"，但今日大部分的职业数学家要是能有他能力的一半，那就非常好。虽然费马对数学领域许多方向都颇有研究，但数论（number theory）是他最有影响力的领域。数论的发展可远溯到亚历山大时期的丢番图（Diophantus），他活跃于公元 250 年，并写了名为《算术》（Arithmetica）的书，其中探讨了被我们现在称为"丢番图方程"的内容，它必须使用整数来求解。

丢番图对"毕氏三角"（Pythagorean triangles）给了一个总结性的答案：两个完全平方之和等于另一个完全平方。勾股定理告诉我们，如此的三个平方正好是直角三角形的边长，例如 $3^2+4^2=5^2$ 和 $5^2+12^2=13^2$。费马拥有一本《算术》，这本书激励了他的许多探索，他也习惯在这本书的空白处写下他的结论。约在 1637 年，当时他必定在思考毕氏方程式，思考若将次数替换成立方或更高次方的话是否会成立，例如 $x^4+y^4=z^4$，但他无法找到任何一个例子。因此在空白处，他写下了数学史上最著名的注记："让一个数的立方等于另两个数的立方之和，一个数的四次方等于另两个数的四次方之和，或是任何更高次方的情形，都是不可能的。对于这一事实，我已经发现了一个很棒的证明，但书本空白处不足以写下。"

上述陈述已经成为费马的"最后定理"，这是因为多少年以来，这是费马让后继数学家无法证明对或错的唯一陈述。没有人能够重构费马"伟大的证明"，而且似乎有越来越多的人怀疑他是否真正发现过这样一个证明。但即使费马曾经想到过一个证明，而且真的无法写在书本的空白处，但它是否足够精确和优雅，以致能在上帝的神圣之书里争得一席之地？没有人能像费马那样，在 17 世纪时写出庞大的证明，而且三百五十年之后，一代接一代的数学家都未能找出其略去的证明。直到 20 世纪 80 年代晚期，怀尔斯开始全面研究这个问题，他将自己关在自家的阁楼，只告诉少数几个同事，而这些同事发誓要保守秘密。

怀尔斯的策略一如之前的数学家，先假设某个解存在，然后开始以代数的手法玩弄数字，希望能够找出最后定理的反例。他使用德国数学家杰哈德·弗雷（Gerhard Frey）的想法作为起点，弗雷清楚知道，可以建构某种称为椭圆曲线的三次方程式，它是根据费马"不可能"方程式的可能解中的三个数而来。这是一个聪明的想法，因为数学家探究椭圆曲线已经超过一百年，并且已经发展出多种的方式去处理。更重要的是，数学家已了解到，费马方程式的根所产生的椭圆曲线具有奇特的性质，违反所谓的谷山—志村—韦伊猜想（Taniyama–Shimura–Weil conjecture），这个猜想决定椭圆曲线的性质。

没有人能证明谷山—志村—韦伊猜想，虽然大部分数学家认为它或许是对的。但如果谷山—志村—韦伊猜想是对的，则费马方程式的根无疑会导致矛盾，将显示它们不应存在，所以怀尔斯尝试证明谷山—志村—韦伊猜想。整整七年，怀尔斯使用数论的种种巨炮，直到最后发现了攻城略地的可行策略。虽然怀尔斯独自工作，但整个领域并不是全然由他发现的，他密切关注着椭圆曲线的所有新发展。另外，如果不是数论学家不断创造出新的技巧，怀尔斯也不可能成功。即使如此，他的贡献仍是巨大的，并将这个主题推向令人振奋的新领域。

怀尔斯的证明现在已经完整出版并付印，整个证明略微超过一百页，当然长到无法写在书的空白处，但这个证明真的有价值吗？

绝对有价值。

　　怀尔斯用于解开费马最后定理因而发展出来的工具，开启了数论的全新领域。虽然他所讲的故事篇幅太长，而且只有此一领域的专家才能全面了解，但这样的抱怨是没有太多道理的，就像抱怨必须先学会俄文，才能读懂托尔斯泰的原作一样。

第十二封信

大工程

亲爱的梅格：

当我说有限单群的分类证明需要一万页时，我绝不是在开玩笑，虽然它目前已被简化和重新组织。如果运气好，加上顺利的话，可以缩减成只剩两千页。大部分的证明需要动手算，背后的想法完全是人类心智的产物，不过某些重要部分也需要计算机辅助。

计算机辅助证明大致是在三十年前引入的，而且越来越多地被采用，从而也导致一种有关证明的新的叙述方式的产生。这就像快餐店提供数十亿个无趣和重复的汉堡：完成任务，但称不上美味。某些聪明的想法经常出现，但计算机的角色是将问题简化成大量原则上例行的计算。将事情委托给计算机后，如果计算机说"是的"，则证明完成。

　　这类型证明的一个例子，和近来出现的开普勒问题有关。在 1611 年，约翰内斯·开普勒（Johannes Kepler）思考如何把球体堆放在一起（在既定空间内尽可能堆放最多的球），他发现最有效率的方式，是市场蔬果贩子常用以堆放柳橙的方式。首先在最下一层，使用蜂巢的模式进行堆放，然后在其上堆放第二层，在第一层的每一个凹陷处都放置一个柳橙，剩下的以此方式继续进行。这个模式出现在许多的晶体里，物理学家称为"面心立方"晶格（face-centered cubic lattice）。

　　大部分的人们都认为开普勒的陈述相当"明显"，但这些人并未理解它的细微精妙之处。例如，放置在平面上是否最有效率，人们毫不清楚。蔬果贩子开始在平面堆放水果，但你不见得非如此做不可。直到 1947 年，拉兹洛·费耶·托斯（László Fejes Tóth）才证明了二维的版本——蜂巢模式是在同一平面上堆置相同圆圈的最有效方式。他的证明太过复杂，以致不能放在"上帝之书"内，但这是唯一的证明。

　　在 1998 年，托马斯·哈尔斯（Thomas Hales）给出了对开普勒猜想的一个计算机辅助证明，包含了数百页的数学和三千兆字节的计算机辅助计算。它发表在全球最著名的数学刊物《数学年刊》（Annals of Mathematics）里，但有一个重要的保留意见：审稿者说他们并未检查计算过程里的每一个步骤。

　　哈尔斯的方法是写下球体所有可能的堆放方式，然后证明若不使用面心立方晶格的方式，则借着重新安排便可以将球体堆放得更为"紧密"，所以面心立方晶格的堆放方式可以最有效地填满空间。这也是托斯用以证明二维空间情形的方法，他总共列举了五十种可能的排列方式。但针对三维空间，哈尔斯需要处理数千种堆放方式，而计算机必须验证数量惊人的不等式，因此使用了三千兆字节计算机内存。

四色定理（four color theorem）是最早采用计算机强力去证明的数学定理之一。大约一百年前，弗朗西斯·古德里（Francis Guthrie）提出了一个问题：任何二维的地图只需要使用四种不同的颜色来区分国家，是否就可以让任何相邻的国家不会使用同一个颜色？这看起来容易，但证明过程非常难以下手。最终在 1976 年，肯尼思·阿佩尔（Kenneth Appel）和沃尔夫冈·哈肯（Wolfgang Haken）证明了四色定理。借着试错和手算的方式，他们首先提出一份近两千种的"国家"分布图，并让计算机去证明这份名单为"不可避免"，也就是每一张可能的地图，其"国家"位置的安排方式，必须至少和名单里的其中一张分布图的配置方式相同。

第二步是去证明每一种"国家"分布图都是"可缩减的"，也就是说，每一种分布图都可以缩减，直到部分图像消失，只留下较简单的地图。重要的是，缩减过程必须确保原来的图和较简单的图都可以使用四种颜色来上色。记住，每一张可能的地图必须对应这两千种分布图里的其中一种，所以经由前述过程产生的较简单地图，也可继续进行缩减。重点是如果你可以发现某种方式去缩减每一个可能的"国家"分布图，就证明了四色定理。将每一个分布图和某种"缩减"的方式相对应，无疑需要用到计算机适于处理惯常程序的巨大计算能力。在1976年，当时最快的计算机需要耗时约两千个小时进行计算，而现在可能只需一个小时。无论如何，阿佩尔和哈肯得到了证明。

计算机辅助证明引发了品位、创造力、技巧和哲学上的议题。某些哲学家认为强力方法不属于传统的证明方式，然而进行大量但可行的计算正是计算机之所以被发明出来的原因，这是计算机所擅长而人类非常不在行的事情。如果计算机和人类同时进行一项庞大的计算，但产生不同结果，则无疑计算机是对的。但必须说明的是，计算机所做的任何证明和计算通常都相当微不足道，而且极度无趣，只有当串在一起才会有价值。如果怀尔斯所做的费马最后定理证明在想法和形式上如《战争与和平》一般丰富，则计算机证明就像电话簿一样无趣。事实上，人生苦短，对于阿佩尔和哈肯的证明（哈尔斯的证明更是如此），不值得详细阅读，更不用说是去检查。

然而这些证明并不是全然缺乏优雅和洞见，你必须相当聪慧，才能知道如何设置问题以便让计算机处理。而且，一旦晓得这个猜想是对的，你就可以尝试找到一个更为优雅的方式去证明。这或许听来奇怪，但数学家都知道去证明某件已知为真的陈述会容易得多。在全球的数学圈里，你经常听到某人半开玩笑地建议：散布谣言说某一个重要问题已被解决，寄希望于能够因此加速找出真正的答案。这样做或许不失为好主意。这有点像横渡大西洋，对哥伦布而言是非常困难的事，但对约翰·凯伯特（John Cabot）而言，就容易多了。他较哥伦布晚五年出航，已经知道哥伦布所发现的一切。

这意味着数学家最终可以发现上帝对开普勒问题和四色定理的证明吗？或许可能，又或许不行。认定每一个简洁陈述的定理都有一个简单的证明，多少幼稚了些。我们都知道，许多问题极度困难，却又非常容易陈述，例如"登陆月球"和"治疗癌症"。那么为何数学要有所不同呢？

如果最为人所知的证明无法简化，或是某人提出的其他方法行不通，则专家通常会对证明变得相当有热情。他们通常是对的，但有时他们会因为知道太多而使判断产生偏差。如果你是个有经验的登山者，要尝试攀登某座具有冰河和裂隙的高峰时，过于"显而易见"的路径或许又长又复杂。

我们很自然会假定，陡直的峭壁（似乎是唯一的替代路线）根本就不可能攀越。但或许可以发明一种直升机，它能快速轻易地将你载到山顶。专家能够看到裂隙和峭壁，但他们或许不会想到要设计一架直升机。有时候，某人可能意外发明那样的工具，并且证明所有专家都错了。①

另一方面，想想哥德尔的例子，我们知道某些证明必须要很长，或许四色定理和费马最后定理会是好例子。以四色

---

① 一个经典的例子是刘易斯·德·布朗吉斯（Louis de Branges）对于比伯巴赫猜想（Bieberbach conjecture）的证明。参见 Ian Stewart, *From Here to Infinity*, Oxford University Press, Oxford 1996, 206。

定理来说，我们可能只要使用信封背面去做一些计算，就会发现，如果想要利用目前的方法，找出"不可避免"的分布图名单，然后借着某种"缩减"程序逐步消去，则证明基本上不可能变短太多。不过，这样做就像在计算可能的裂隙数目，并未将直升机排除在外。所以，如果这些长篇大论的证明是我们所能提出的最佳证明，那么费马为何不写下他自己的版本？他当然不可能碰巧提出一百页的证明，并将关于椭圆曲线的证明包括在内，当时椭圆曲线尚未被人提出。此外，要将椭圆曲线的证明写下也不可能，书本的空白处根本不够用。

知名的代数数论学家彼得·斯维纳通－戴尔爵士（Sir Peter Swinnerton-Dyer）对费马的陈述提供了一个较为简单的解释："我确信费马相信他自己已经完成了证明。事实上任何人都可充满自信重新建构费马的论证，其中包括某个重要但错误的步骤。"① 想象一下伟大的费马真的拥有最后定理的证明，是件多么美好的事情，因为他使用的方法应该较怀尔斯的方法来得简单。但似乎更加可能的是，费马犯了细微但致命的错误——在那个时代应该难以察觉的错误。

---

① P. Swinnerton-Dyer, "The justification of mathematical statements," *Philosophical Transactions of the Royal Society of London* Series A 363（2005），2437-2447.

第十三封信

无解的问题

亲爱的梅格：

请不要尝试三等分某个角。如果你想做些研究，我将提供一些有趣的问题，但就是不要去碰角的三等分。为什么呢？因为这会浪费你的时间。借助工具，我们可以很容易三等分一个角，一旦限定在尺规作图的传统框架内，那就无能为力了。我们知道这些，是因为数学享有某种大部分其他职业无法享有的特权。在数学的领域，我们能够证明某件事情不可能发生。

对大部分的职业而言，"不可能"或许意指下列事情：从"我不愿被打扰"，到"没有人知道如何做"，到"那些有决定权的人永远不会同意"。科幻小说家阿瑟·克拉克（Arthur C. Clarke）的名言："当一个资深而著名的科学家宣称某件事为可能，他很可能是对的；当他说某件事不可能，则几乎确定他是错的。"（克拉克在 1963 年写出上述的句子，当时大部分的科学家，特别是资深和著名的科学家，几乎都是男性。）
但应用在数学家和数学理论时，克拉克的陈述无疑是错的。
对于尺规三等分角不可能性的数学证明，事实上坚不可摧。

我说"差不多"，是因为只要问题稍微改一下，有时"不可能"
可以变成"可能"，当然这不再是同一个问题了。阿基米德知道，
如何使用有刻度的尺和圆规，来将某个角三等分。①

我喜欢的一个谜题是个简单的无解问题，虽然第一眼看
起来似乎相当无聊，但更凸显数学的逻辑推论，特别是我们
如何知道某些工作不可能达成。这个谜题如下：先切下国际
象棋棋盘的两块对角所属的方格，然后你是否可以用三十一
张长方形骨牌去完全覆盖这个棋盘？② 每一张骨牌的大小必

---

① 给定∠AOB，先画上一条平行于OA的线段BE，然后以点B作为圆心
画出一个通过点O的圆，再将有刻度的尺拿出来，
画出一条连结点O和线段BE的线段OD（如图中
粗线所示），并让线段CD的长度等于圆的半径
（点C为线段OD和圆的交点），则最后∠AOC的
角度将等于∠AOB的三分之一。参见 Underwood
Dudley, *A Budget of Trisections*, Springer, New York
1987。

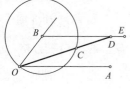

② 图a显示对角线上缺两个边角的西洋棋盘。图b显示一个使用长方形
骨牌的典型覆盖方式，剩下两个正方格无法覆盖。相反地，如果两个缺角彼此
相邻（如图c），则很容易解此一谜题（如图d）。

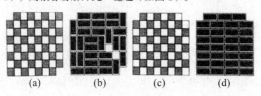

(a)　　　(b)　　　(c)　　　(d)

须刚好覆盖棋盘上相邻的两个正方格。

上述前提是不允许"作弊"的：长方形骨牌不能重叠，也不可切除某些部分，或是出现类似的情况。

数学家自然而然会问的第一个合理问题是：面积是解开谜题的障碍吗？缺角国际象棋棋盘的总面积是 64−2＝62 个正方格，骨牌的总面积是 2×31＝62，所以我们有不多也不少的骨牌去覆盖棋盘。如果我们只有三十张骨牌，则通过对总面积的计算，将立刻证明这个工作不可能达成。这里既然给的是三十一张骨牌，那么面积就不再是障碍。

梅格，我知道你已经做过许多数学问题，但很可能从未遇到这个谜题，它很少出现在大学的教科书中。请试试看，此刻不要多想，先用纸板做出骨牌，然后试着去盖住棋盘。

做了吗？有何进展吗？

当然没有进展。试了又试仍一事无成，如果你数一数棋盘上的黑白正方格，应该可以了解为何行不通。

每一张骨牌不论如何放置，都要覆盖棋盘上的一个黑色方格和一个白色方格，所以任何不重叠的骨牌摆放，必定覆盖相同数目的黑方格和白方格。但这缺两角的棋盘却有三十二个黑方格和三十个白方格，所以不论怎样摆放骨牌，至少总会有两个黑方格未被骨牌所覆盖。

但如果相邻的两个角落被移除（一个黑方格和一个白方格），则上述论证不再生效。事实上，谜题可以完成。但根据"等量"（parity）的推论，也就是计算黑、白两色方格的数目，并加以比较，将排除我一开始提出的问题的正确性。这个工作不可能达成……就是这样。

这个谜题背后较深层的意义可以应用于所有数学。当某个问题涉及大量的思考的可能性时——例如所有可以摆放骨牌的方式，那通常没有一个实际的方法可以去一个一个处理——你必须寻找某些共同的特征，也就是当改变排放方式时不会改变的东西：一个不变量。

在这里，我们试的第一个不变量是面积。如果重新摆放骨牌，它们覆盖的总面积将维持不变。但这个不变量对此谜题并无帮助，所以我转而寻求另一个不变量：黑方格和白方格的数目差距。我们知道，在任何一种骨牌摆放方式中，其值皆为零。因此，根据我们的规则摆放骨牌时，没有任何一个摆法的不变量不等于零。

这个证明并未排除：因为其他原因，某些不变量为零的摆放方式或许不可能存在。事实上，它们确实存在，或许你能自己找出来。"面积"不变量解决了某些谜题，但不是全部，"等量"不变量也是如此，不论它是奇数或偶数。大部分的不变量也是如此。

我们必须前进，从谜题转移到严肃的数学问题。很明显而且欣慰的是，类似的想法仍可适用。

三等分角是一个焦点。我们已经知道不可能使用一把没有刻度的直尺和圆规来三等分一个角。[①]——高斯的学生皮埃尔·旺策尔（Pierre Wantzel）在1837年给出了证明。也就是说，只使用传统的方式和工具来三等分给定的任何角度，这样的几何建构并不存在。

近似的建构非常非常多，但都不是切切实实的三等分。我会这样说，一点都不担心矛盾，也不须检视任何提出的方法。我们知道，任何这样的方法必定包含一个错误，虽然无法知道错误出在何处和究竟是什么——或许错误隐藏得很好，不过可以确定，错误一定存在。

我的话听起来相当傲慢，会让任何尝试三等分的人感到厌恶："连看都不看我的证明，如何认定我是错的？"

因为这样的建构已经被证明为不可能，所以必定是错的。如果某人宣称可以在十秒内跑完一英里，你不必亲眼看到，就可知道一定暗藏玄机，或许使用火箭推进器作为辅助，或许这个一"英里"比公共汽车的长度还短，或许使用的定时器有蹊跷，不过我们不需要知道可疑之处在哪里。

数学世界就像这样，但具有更高程度的确定性。

很好，不过我们如何知道三等分角是不可能完成的？

虽然这个问题是一个几何问题，但它的解法却属于代数。这是数学研究上一个标准的技巧：尝试将问题转化成逻辑上同等，但属于数学的另一个领域的问题。如果顺利，新

---

① 旺策尔提出最早的证明。参见 Ian Stewart, *Galois Theory*, Chapman and Hall / CRC, Boca Raton 2004。

领域将允许使用新的技巧，对解决问题产生帮助。使用代数取代几何的想法（或反过来），可回溯到笛卡儿（René Descartes），他在 1637 年出版的《方法导论》（*Discours de la Méthode*）的附录"几何学"（La Géometrie）里，扼要说明使用坐标可将几何形式转化为代数方程式，反过来亦可。为了纪念他，我们今天称直角坐标为笛卡儿坐标。

梅格，你将会熟悉这个概念。在平面上的任一点可用两个数字表示，分别代表到互为直角两个方向上的距离——垂直和水平，或是北—南和东—西。线、圆或其他曲线不过是点的集合，是一对数字的集合。任何关于这些直线和曲线的陈述，皆可转变为相应于代数领域的数字陈述。因此，对半径为 1 的圆，当使用勾股定理将之转化为代数时，则在圆周上的任一个点，它的水平坐标值的平方加上垂直坐标值的平方应等于 1。以符号表示则为 $x^2+y^2=1$，这是对应于单位圆的方程式。

每一个圆、每一条直线和每一条曲线都有相应的方程式。例如一个圆和一条线相交之处，就是那些同时满足圆的方程式和线的方程式的数对。我们不必画出直线和曲线以找出它们的交点，我们可以直接对方程式求解找出交点。更重要的是，除了思考画出直线和曲线，并找出它们的交点外，我们可以思考如何解出相对应的方程式——通过这种方法我们可以证明使用前述方式无法将角三等分。

忽略技术性的细节，以下是我们的证明。任何几何的建构从点的聚集开始，然后使用三种方法之一去建构新的点。我们可以通过已知点画出两条直线，并找出这两条直线在何处相交；或画出一条这样的直线，以及画出圆心位于某已知点且圆周通过另一已知点的圆，看看这条线和这个圆相交在何处；或是画出两个圆，并找出它们的交点。以上动作的组合借由我们拥有的工具所产生：直尺画出直线、圆规作圆。我们因此从旧的点建构出新的点，然后继续有限次如此的动作后便停止。

这又是一个用于证明的标准技巧：将问题尽可能分解成为最简单的部分。

或许看起来一个角并不符合这个描述，但一个角由两条交于某一共同点的直线所定义，其他的两个点则分别位于两条直线上。这三个点就足以定义一个角，只需额外的一个点就可将角三等分，但找出第四个点的位置可能需要先建构许多辅助点，但不论怎样做都不会有帮助。

如何知道会这样呢？我们使用其他标准的证明技巧：检查每一个最简单的步骤，并尝试发现它的基本特性。

从几何学来看，有三个不同的步骤：两条直线、一条直线和一个圆、两个圆。但我们将这些步骤转化为代数，则会发现第一个步骤等同于对线性方程式求解，另外两个步骤等同于对二次方程式求解。就线性方程式而言，我们知道未知数的倍数加上某些常数将等于零；就二次方程式而言，未知数平方的倍数加上未知数的某个倍数，再加上某些常数将等于零。

线性方程式为二次方程式的"特例"：未知数平方的倍数为零。所以所有的三个步骤都等同于对二次方程式求解。

求解二次方程式的方法，早在公元前 2000 年的巴比伦人就已知道，基本的概念是使用平方根。简言之，我们用"使用一系列平方根（和其他如加减法的算术运算）来表达"以取代"使用无刻度的直尺和圆规的建构"。这描绘了从几何建构而来的所有可能点的特性。

假设某些角可以借着如此的建构而完成三等分，则相应点的坐标（和三分之一角度有关的点）必须可以被一系列的平方根所表达。这可能吗？对于这个新点，我们已知它的坐标由一个三次方程式所决定，也就是牵涉到未知数的三次方。上述根据三角函数，有个公式将某个角度的正弦（sin）和这个角度的三倍角度的正弦连结在一起。

整个事情简化成为一个简单的问题：给定一个已知为三次方程式的解的数字，是否可能只使用平方根去表示？直觉告诉我们这是错误的配对，牵涉数字 2 的步骤序列不应该产生数字 3 的序列。如果更仔细地检视方程式的解的性质，将导致一个称之为"维度"（degree）的不变量。维度和测量角度的"度数"无关，而是一个整数，用以描绘已经解决的方程式形态。维度的简单性质证明了：我们可以使用平方根解出三次方程式，但只有当这个三次方程式能够分解成一个线性方程式和一个二次方程式，或是三个线性方程式。

然而，一个简短的计算显示，除了极少的例外，和三等分角对应的三次方程式并不是如此。[①]它无法分解成二次方程式，特别是当最初的角度为 60 度时。因此，三次方程式不能只用平方根精确无误地解出。事实上，如果可以被平方根所解出，则整数 3 就必须为偶数，但无疑不是这样。

我省略了细节，不过你可以从许多的标准代数教科书里找到他们，但希望我所说的已经清楚传达了这个故事（证明）。借着将几何转化成为代数，我们能够使用一个代数问题重新系统性地说明三等分角（实际上包括任何的建构）：某些和意欲建构有关的数字可以用平方根来表达吗？如果我们知道这里考虑的数字——由一个三次方程式所决定的数字，则或许可以使用代数版本来回答这个问题。在这个例子里，代数排除了这样一个建构存在的任何可能性，这多亏了称之为维度的不变量。

这与是否聪明无关：不论你有多聪明，提出的建构必然不是精确无误的，或许可以非常接近正确（但大多数的尝试却并未做到[②]）但不会是完全正确。这和需要发现其他的方法来三等分角也无关，这些方法已经为人所知，而且也不是问题所在。我总是告诉那些将三等分角解法传给我的人说：我不关心他们犯下的错误，他们也不应该在意，问题是如果他们是对的，则他们证明的直接后果会是 3 竟然为偶数。这当

---

① Ian Stewart, *Galois Theory*, Chapman and Hall / CRC, Boca Raton 2004.

② 参见 Underwood Dudley 所著 *A Budget of Trisections*。

然不正确。

但他们如此宣称，难道真的想要他们的证明进入历史教材里吗？

提醒你，上述的证明并未让他们放弃，理性的论证从未让真正的三等分角狂热者不再认为他们绝对是对的。

"维度"的不变量也解释了为何正十七边形存在，而正七边形却无法建构出来。相对应的维度刚巧是边数减1——分别是16和6。因为16是2的4次方，所以正十七边形可以借着求解四个连续的二次方程而得到。但6不是2的次方，所以建构不出来。根据我的经验，角等分很少驳斥这个推论，然而具有讽刺意味的是，它意味一个有效的三等分角，将直接导致一个正七边形的建构。

在数学里，存在许多其他的无解问题。三等分角是三个著名的"古老问题"之一，这些问题可以回溯到古希腊几何学家（可惜并没有确切的历史记录），因为只能使用没有刻度的直尺和圆规是之后才加上的限制。希腊人已经知道如何使用更复杂的工具来解决这三个问题。但这是他们唯一知道的解决方法，后代的数学家想知道是否有更好的证明，但最终发现找不到。

另外两个古老问题是圆的正方形化和立方体的两倍化。也就是说，使用传统的方法建构一个正方形，使其面积等于给定的某个圆的面积，或建构一个立方体使其体积为给定的某个立方体体积的两倍。用现代的词汇来说，这两个问题分

别是寻求建构 π 和 2 的立方根。使用上述类似的方法，可以证明两者都不可能。事实上，2 的立方根明显满足一个三次方程式，它的三次方等于 2；而 π 不是任何代数方程式的解，当然这是另外一回事了。

第十四封信

职业生涯

亲爱的梅格:

你不必感谢我。如果我们碰巧都待在同一个城市,我总是很高兴能请你吃顿饭。假如你真的专心致志想要从事研究,那我们碰在一起吃饭的机会就会大很多。

但让我丑话先说在前面:重要的是,问问自己你是否因为觉得自在而愿意待在大学。但是,对于你的年纪而言,你不应该寻求"安适"。

从事研究的数学家很像作家或艺术家:在面对工作的挫折、不确定、艰辛和常有的孤寂时,外在的光环容易很快消逝。你不能期望偶尔在镁光灯下的短暂时刻可以让你觉得一切都值得,除非你比我想象得要肤浅,但我应该没有看错人。你的满足应该来自于顿悟时的高潮体验,也就是当你第一次突然明白了正在研究的问题，并清楚地看到解答之道时，心中所产生的感觉。我特意使用"高潮体验"这四个字，因为你得像追逐这种感觉的"瘾君子"，才能让所有的辛勤付出获得收获。

以下是矛盾之处：虽然大部分数学家的工作是独立的，甚至是在孤独之中完成的，但你研究的最重要的一面，却不是你选择的领域或你研究的问题，而是你如何处理周遭的人际关系。

当你决定攻读博士时，无须独自奋战。你的同学将组成一个重要的支持团体；所在的院系将成为你位于全球数学大家庭里的一个小家族；最重要的是，你将会有一个指导教授，他通常是一位知名的专家，在你想研读的领域里拥有丰富的经验。有时你的指导教授可能是一个毕业仅数年的年轻教授，但若是如此，就要考虑找一位资深教授共同指导，以借助他的经验。

年轻的指导教授通常是个很棒的选择，他们经常有源源不绝的点子，并刚刚接受过学术训练的洗礼，或许因此对你的奋斗感同身受。

在 1991 年 4 月号的《心理学家》（*The Psychologist*），我的社会学家朋友海伦·海斯特（Helen Haste）分析了学术界（一群冷淡和畏缩的人们）的送礼模式。这篇论文属于人类学的嘲讽文章，但仍有几个论点足堪借鉴：学术界的礼物为你的研究论文的复印本；这篇论文还将学者生涯分成六个阶段；再加上某个离经叛道的异端角色。

你即将进入第一个阶段，成为一个 DXGS（Dr. X's graduate student），也就是 X 博士的研究生。从这个起点，我相信你很快就会成为 PYR（promising young researcher，有潜力的年轻研究者），然后是 ER（established researcher，有名声的研究者）。如果你选择继续留在学术界，接下来是成为 SS（senior scientist，资深科学家）、GOP（grand old person，大人物）和 EG（emeritus guru，退休导师）。

身为研究生，你还不可能形成自己的例行礼物，也就不可能将这个礼物送给他人。你可以要求别人送你礼物，但通常只能从你的同学处获得。在同仁面前演讲（在研讨会发表论文）时，你将一再提及两位前辈——一个是重要的理论家，另一个是你的论文指导教授。有潜力的研究者其学术生涯更加放松，并更加了解学术惯例。虽然仍须提及那两位前辈，但通常很简短，而且多半只是在注释中提到。精明而有潜力的研究者会从资深科学家那里得到帮助。他们满载礼物开始旅行，去参加团体会议（学术研讨会），因此可以随意发放礼物，整个旅程有些像是朝圣。他们也能从较资深者处讨得礼物，虽然这不常发生且总是客气以对。有名声的研究者很少引述重要理论家，宁可只提及目前活跃于学术界的前辈，并且很可能喜欢提到自己的学生，以证明自己的价值。有名声的研究者并不会将礼物带到团体会议，而是事先很有技巧地将之送进团体的内部核心。

资深科学家经常提及重要的理论家，目标是借着超越重要理论家的想法来取代他们。资深科学家从不在公众场合给予和接受礼物，但期望秘密地收到许多礼物。大人物则位于收赠礼物阶层的顶端，不提供任何礼物，但会要求每人赠送礼物给他们，特别是资历浅者。退休导师几乎是每一个人的前辈，但已经不再参与交换礼物的仪式了。

还有个角色无法归类，也不属于任何一个阶段（事实上不属于任何地方），但这也是他存在的理由，他就是异端分子。海伦对异端分子的定义如下："异端分子为一个重要的象征性角色，具有产生群体恐慌和着迷且引人入胜的魔力。异端分子位于主流之外，但对主流进行批判。任何想要待在主流之内的资历浅的数学家，都不可将异端分子视为学习对象……过气的异端分子很快就变成了大人物。"

我提到这些，是因为你必须接纳所处团体的地位，也是因为你从博士研究生转为有潜力的研究者，再到有名声的研究者的整个过程，和你选择的指导教授有非常大的关联。你应该选择有名望的研究者、资深科学家，甚或是大人物作为指导教授，但绝对不要选择异端分子，不论这个选项看起来多么诱人，除非你愿意接受传统以外的生涯。整体而言，我还是建议你远离大人物，请你相信：我曾想要成为异端分子，但我认为我最终只能是大人物。大人物都有令人激赏的纪录，但多数发生在很久以前：五年以前，甚至更久之前。学者年纪越大，所承受的学术包袱就越重，大人物的心智通常沿着熟悉的常规运作，虽然他们驾轻就熟且充满信心，但他们的学生却可能无法学到研究前沿的真正新想法。不过某些大人物能够给予优异的指导，他们的想法通常很像是异端分子，但又不完全是。

退休导师绝对不会有学生。

我的指导教授是布莱恩·哈特利（Brian Hartley），他是一名资深科学家，专长是群论——关于对称的正统数学。他很年轻，但又不会太年轻。我并未选择他，也说不上他选择我。我选择了这个领域，然后这个体系将我指派给他。当时有四到五个其他的选择机会，他们都可以成为我称职的指导教授——后来我以同事的身份和他们互相认识，但我的研究将会有很大的不同。我非常幸运能有布莱恩做我的指导教授，他将问题放到我前面，真正适合我的兴趣和能力——非常完整的培养计划。他非常聪明，定期会见我，当我陷入困境时总在我身边，他也几乎未曾缺乏过好点子。

我在上博士班课程的第一天，就走进布莱恩的研究室，要求他给我一个研究问题。我猜布莱恩有些被吓到了，因为他的学生一般要再晚一些才选研究题目。但不到半个小时，他就给了我一个题目——从他自己的一篇论文里产生，是我所收到的第一份礼物。这份礼物最后成就了一件美事。这个研究计划为研究一个特别形态的群，俄国数学家安纳托里·伊凡诺维奇·马契夫（Anatoly Ivanovich Malcev）将之关联到称之为"李代数"（Lie algebra）的不同数学结构。这个结构最早在一个世纪前就由挪威人索菲斯·李（Sophus Lie）所发展，（虽然称为代数）但过去主要用于数学分析的脉络，而非抽象的代数，所以马契夫的纯代数版本是一个新的观点。如同在那时许多的俄国人一样，马契夫已经描绘了整个概念，却没有完成细节。我的研究是要以马契夫的想法和猜测为基础，填入必要的证明与连结，事实上是将整个框架变成建筑物的最后蓝图。这花了我三个月的时间，我着迷于李的理论，最后整个论文写的就是李代数。

布莱恩对我的影响不只是研究问题而已，他和他的夫人玛丽常在他们的家中招待我和其他的博士生。有时他会邀请我和他一起前往当地酒吧聆听爵士乐，他是我学术之父、导师和朋友。他在1994年以五十五岁的壮龄突然逝世，那时他正在距离曼彻斯特不远处的山丘散步。我为他写的讣文刊登在《卫报》（The Guardian）上，结尾如下：

> 上次见到布莱恩是在几个礼拜之前，在一个庆祝某个共同朋友六十大寿的会议上。他刚刚获得一笔巨额的研究奖金，能让他未来五年免除所有的教学重担，专心于研究。无论就字面或象征的意义来说，他在去世之前都还徜徉在他喜爱的山丘上，我们应该记得这样的情景，并深深怀念他。

对他的猝逝，我到现在仍难以接受。

如我曾说的，我很幸运。这个体系分配给我一个完美的指导教授。但你可以做得更好，不要让命运做决定，应该选择自己的论文指导教授。阅读文献，和这个领域的人们交谈，发现谁有好的名声，重要的是谁对学生比较好。写下一个简短的名单，拜访他们，事实上是去和他们面谈，然后信任你的直觉。记住，你要的不是一个会忽视你的大人物，你要的是亲密的个人关系。

我能够补充说不要太亲密吗？虽是陈词滥调，但老师和学生上床的事的确时有发生。某人曾经观察到，越是表现主观的学科，教职员穿得越体面，相似的原则似乎也可应用在不伦的性爱上。一般而言，数学家发生这种事情的比例很低，或许是因为我们的穿着非常邋遢。无论如何，每一个人都知道这样不敬业，而且现今还得面对性骚扰的法律。因此不妨这样说，如果要玩乐和追求爱情，请将交往对象限制在同学或校外人士。

有一个标准的笑话说道：数学能力通常由父亲传给女婿（或现在是从母亲传给媳妇）。重点是男性博士研究生通常和他的指导教授的女儿结婚，这是一种结交校外人士的方式。因此，你真实的世系会受到你数学世系的影响。

根据论文指导教授的传承来追溯学术世系，[①] 数学家对此感到非常骄傲。布莱恩是我的数学父亲，菲利普·赫尔（Philip

[①]　参见 http://www.genealogy.ams.org/，此网址专门提供数学学术家族的信息。

Hall）是我的数学祖父。在菲利普那一代，在大学谋得教职不需要博士学位。威廉·伯恩赛德（William Burnside）对菲利普早期的研究产生的影响最大；同样地，伯恩赛德可被视为阿瑟·凯莱（Arthur Cayley）的数学儿子，凯莱是 19 世纪维多利亚时代最著名的英国数学家之一。

我记住这些事情，并且加以珍视，我因此知道在哪里和如何去融入数学学派的家族树。阿瑟·凯莱和我血缘上的曾曾祖父同等重要。

天分必须传给下一个世代。到目前为止，我指导了三十位学生，其中男性二十位，女性十位。自从 1985 年以来，我收的男女学生各占一半。因为我曾近距离仔细观察，因而确信女人对数学和男人一样在行。我对我的数学女儿感到特别骄傲，她们大部分来自葡萄牙。在葡萄牙，数学长久以来被认为很适合女性学习，我所有的葡萄牙女儿都还在从事数学工作①。事实上，我的学生大都待在数学界，并且每个人都得到了博士学位。而且，一名学生目前担任会计师，数名在计算机界工作，另外有一人拥有一家电子公司，至少上一次我听到的时候是如此。

世界正在追寻葡萄牙的脚步。2005 年 7 月，美国数学学会（American Mathematical Society）公布的 2004 年《数学科学年度调查》（*Annual Survey of the Mathematical Sciences*）

----

① 第一个故事——伊莎贝尔·拉柏瑞（Isabel Labouriau），是引人入胜自传中的一篇，参见关于数学界女性的精彩书籍：*Complexities*（eds. Betty Anne Case and Anne M. Leggett），Princeton University Press, Princeton 2005。

结果显示，自从 20 世纪 90 年代初以来，女性便占所有数学系大学毕业生的 45%。在 2003—2004 学年度，全美国近三分之一的新科数学博士是女性，其中四分之一的女博士从排名前四十八名的数学系毕业。总而言之，那一年共有三百三十三位女性取得数学博士学位，是有史以来人数最多的。

女性不适合学习数学的想法早已过时，虽然目前数学界金字塔的顶端仍是男性的天下，不过数学生涯的阶梯已经对男女都平等开放了。

第十五封信

纯数学还是应用数学？

亲爱的梅格：

当你成为数学系一年级的研究生，正在挑选一个专业领域之时，许多人将告诉你，最大的选择将是选择攻读纯数学还是应用数学。

简单的答案是你应该两者都做。稍微长一点的版本还要加上：区分纯数学和应用数学毫无帮助，并且很快将站不住脚。"纯数学"和"应用数学"的确代表数学研究中的两种不同方式，但彼此并不会相互竞争。物理学家尤金·维格纳（Eugene Wigner）曾评论道：对这个自然世界提供洞见，"数学具有难以想象的有效性"。他使用的字句清楚地显示他所指的是纯数学。如此抽象的公式化表述似乎和现实毫无关联，但为何竟然能应用于科学的许多领域？不过真的是如此。

数学存在许多类型，虽然这两种形式刚巧有各自的名称，但它们只代表在数学思想光谱上的两个点罢了。纯数学融入逻辑和哲学里，而应用数学则融入物理数学和工程数学之中。这两者是倾向，而非光谱的两个极端。由于历史的偶然性，这两种趋向已经造成数学学术部门的分裂：许多大学将纯数学和应用数学置于不同的院系。过去这两派人马常为聘任新老师和选谁当会议代表闹得不可开交，但近来已经日益相处融洽。

正如应用数学家的夸张描述，纯数学是抽象的象牙塔、智力的废话和无实际用处的玩意。纯数学的强硬派则响应道：应用数学是智力上的草率、缺乏严谨和鲁莽地代入数字以求理解。就像所有不错的讽刺言语，上述两个陈述都有道理在，但你不应过度引申。然而，你将偶尔遇到这些夸张的态度，就像你仍会碰到竟然还是有人相信女性不适合数学和科学。忽略他们，他们的时代已经过去，只是他们并未注意到。

蒂莫西·波士顿（Timothy Poston）是我已经认识三十五年的数学同僚，他在 1981 年的《明日数学》（*Mathematics Tomorrow*）里发表了一篇发人深省的文章。[①] 他观察到——此处简化他的复杂陈述——纯数学的"纯粹"不是一个虚度光阴的公主拒绝让良好和真正的工作玷污她的双手，而是指方法的纯粹。在纯数学里，不允许走快捷方式和跳跃至未被证明为正确的结论（不论看起来多么合理）。如蒂莫西所言："概念思考是数学的调味剂，但如果调味剂失去了味道，那么数

---

① Timothy Poston, "Purity in applications", in *Mathematics Tomorrow* (ed. L. A. Steen), Springer, New York 1981, 49-54.

学的应用又如何会有味道呢？"

一个中间路线称为"可应用的数学"，出现在 20 世纪 70 年代，但这个名字从未被大家所熟知。我的观点是所有数学领域都有应用上的潜力，不过，就像《动物农庄》（*Animal Farm*）所说的众生平等，某些领域的应用性的确较强。我喜欢单一的名字——数学，我认为大学就应该只有一个数学系。现今的趋势是强调数学和科学重叠领域的合一发展，而不是强加人为的边界。

我们花了一些时间，才达到和谐之境。

回到欧拉和高斯的时代，没有人将数学分为内在结构和使用方式。欧拉可以某天探究在何处放置船的桅杆，而在隔天研究椭圆积分（elliptic integrals）。高斯因为数论的成就而永垂不朽，包括伟大的二次互反律（the law of quadratic reciprocity）[1]，但他也抽出时间去计算谷神星（Ceres）——第一个为人所知的小行星 [2]——的轨道。根据行星间距的实证

---

[1] 这个定理最早由高斯所证明：若 p 和 q 为奇数质数，则方程式 $x^2=mp+q$ 有整数解，当且仅当相应的方程式 $y^2=nq+p$ 存在一个解。除非 p 和 q 可写成 $4k+3$ 的形式，则其中一个方程式有解，另一个方程式无解。参见 G.A. Jones and J.M. Jones, *Elementary Number Theory*, Springer, London 1998。

[2] 行星间距的实证模式由约翰·提丢斯（Johann Titius）在 1766 年发现，并由约翰·波德（Johann Bode）在 1772 年出版。参照序列 0, 3, 6, 12, 24, 48, 96，其中除第一个数字 0 外，序列中其余的数字皆为前一数字的两倍。每一个数字加上 4 以后，再除以 10，则得到序列 0.4, 0.7, 1.0, 1.6, 2.8, 5.2, 10.0。若忽略 2.8，则序列里的其他数字依序和水星、金星、地球、火星、木星、土星到太阳的距离大致相等（以天文单位测量）。根据定义，地球到太阳的距离为 1 天文单位）。谷神星这颗小行星刚好位于距离太阳 2.8 天文单位的地方。

规律性，提丢斯—波德（Titius-Bode）定律预测在火星和木星间存在一颗未知的行星。在1801年，意大利天文学家朱塞佩·皮亚齐（Giuseppe Piazzi）在一个相合的轨道上发现一个天体，命名为谷神星。再次发现它时，它出现在太阳的后方，天文学家对不太能掌握谷神星的出没感到沮丧。高斯为了较精确地计算它的轨道，发明了称为最小二乘数据拟合（least-squares data fitting）的方法。此一工作让高斯变得有名，并让他的研究转向天体力学的领域。即使如此，高斯最大的成就仍是纯数学。

之后高斯从事地理调查，并发明了电报。没有人可以指控他不实际，在应用数学领域，他是一个天才，但在纯数学领域，他则是一个神。

到了19世纪末20世纪初，数学已经发展到不是任何人都可以完全精通的地步。人们开始分工，研究者根据研究方法选择适合自己的领域。那些喜欢奇特模式的谜题和逻辑难题的人，专精在数学的抽象领域里发现证明；务实型的则渴望答案，因此被物理数学和工程数学所吸引。

到了1960年，分工演化成分裂。那些纯数学家认为的主流——分析、拓扑学和代数——被归类在抽象的领域，与务实的心智难以契合。与此同时，应用数学正以牺牲严谨的逻辑为代价，从日益困难的方程式里得出数字。得到一个答案比得到一个正确无误的答案要来得重要。任何导致合理解法的论证都可被接受，即使没有人知道它为何行得通。物理系学生被建议不要上数学家教的课，因为这会损害他们的心智。

太多参加论战的人们忽略了：并没有特别的原因非要将数学活动限制在某一种思想形式里。没有适当的理由去假设纯数学好而应用数学差（反过来说也对），但许多人却采取这样狭隘的看法。纯数学家夸耀他们毫不在乎自己所做事情的用处，这对解决分歧并没有任何益处。许多人像哈代一样，自傲于他们的工作不具任何实际价值。回顾过去的争论，在坚持这样做的数个不好的理由中，有一个好的理由。追求通适性将导致对数学结构的细致审视，而这进一步揭示了我们对结构基础的理解存在很大的分歧：一些看起来非常明显，以致过去竟没有人意识到它们只是假设的假设，终被证明是错误的。

举例来说，过去人人假定每一条连续的曲线上，几乎任何一处都必定有一条定义明确的切线——当然不包括锐角，这就使得"任何一处"成了太过强烈的陈述。又如"每一个连续函数都必须在任何一点上均可微分"的陈述，也是同样有问题。

卡尔·魏尔斯特拉（Karl Weierstrass）已经发现了一个简单的连续函数，其上的任何一点皆不可微分。[①]

这重要吗？类似的困难一直困扰着所谓的傅立叶分析领域达一个世纪之久，没有人能够确定哪些定理是对的，哪些

---

① K. Falconer, *Fractal Geometry*, Wiley, New York 1990.

又是错的。不过，工程师照样能善加运用傅立叶分析。最后发展出测度理论（measure theory）才解决了整个事情，而之后测度理论又成为概率理论的基础。另一个例子是分形几何（fractal geometry），它是了解自然界不规律性的极佳方式之一。缺乏严谨性很少影响数学概念的立即和直接应用，但检视问题的过程常常会导致漂亮的新想法的出现，在某些其他应用领域相当重要，否则这一新发现也许就被错过了。

留下概念上未解的难题，有点像是使用新信用卡偿付旧卡的负债。虽然你可以持续一段时间继续这样做，但最终还是要偿付全部金额。

如何找出傅立叶分析所需的数学思路，甚至连纯数学家也没有经验。往往是这样，似乎目标不是去证明新的理论，而是去设计极坏的复杂例子以画地自限。许多纯数学家受到这些例子的侵扰，将它们视为"病态"和"畸形"，并希望若是予以忽略，它们自然会远离。多亏 20 世纪初著名的数学家戴维·希尔伯特（David Hilbert），他不同意这样的说法，并将这个新出现的领域视为一个"伊甸园"。过了一段时间以后，大多数的数学家才体会到他的论点。然而到了 20 世纪 60 年代，这个论点被持续推进，以致他们的心灵几乎全都聚焦在找出巨大数学理论的内在困难。其结果是，虽然了解了拓扑学，但却不会分辨平结和祖母结的不同——这时似乎就完全无须忧虑数学的应用性。应用必须等到我们搞懂所有事情之后。在磨利锯子之前，不要期望我去制作一个鸡尾酒柜。

这看起来的确有点像象牙塔，但整体而言，数学家从未忘记：最重要的数学原创力来自和自然界的连结。当理论变得更加强大，且缺口被填补，则个人可以挑出新的工具组合并开始使用，于是开始兴致勃勃地进入原先属于应用数学家的领域。不过，应用数学家反对这种入侵，对新方法不以为然。

马克·卡克（Mark Kac）是一位概率学家，他对许多应用层面的问题都感兴趣。他对纯数学家倾向将应用问题以抽象形式重新包装，做了有趣而敏锐的分析。他把他们的方式比作发明"脱水大象"：技术上很困难，但无实际价值。我的友人蒂莫西·波士顿指出这是一个不佳的比喻，因为实际上很容易创造出脱水的大象，但重要的技术性议题却相当不同：要确保当你加回水分，还能得到一只活生生的大象。他说，这样汉尼拔（Hannibal）朝罗马进军时，就可以装载一车的脱水大象了。①

尽管比喻失当，但卡克的论点说得很好：抽象的再公式化本身不是终点。不过，他举的例子却毁了一切。我岳父在20世纪50年代也犯下同样的错误，他虽然正确指出了大多数摇滚明星不会持久当红，但他错在用猫王（Elvis Presley）为例子。卡克的脱水大象原型是史蒂文·斯梅尔（Steven Smale）使用辛几何（symplectic geometry）来重造经典力学。

①　在公元218年，汉尼拔率领象队与军队翻越阿尔卑斯山，试图进攻罗马。

要解释这个新的几何范畴将过于离题，但这样说应该就够了：斯梅尔的想法目前已被视为将拓扑学深度应用在物理学上的例子。

另外一个对数学抽象化的批评来自约翰·哈默斯利（John Hammersley），他极度务实，也是个高明的解题者。哈默斯利沮丧地看着 20 世纪 60 年代的"新数学"浪潮席卷全球的学校课表，以致求解二次方程式这样的问题被摆到一边，却去黏合莫比乌斯环，看看它们有几个面和几个边。在 1968 年，他写下著名的讽刺文章，题为《数学技巧的没落："现代数学"以及在学校和大学中的软知识垃圾》。[①]

哈默斯利像卡克一样有很好的论点，但他将所有不喜欢的事物都视为垃圾，这点有待商榷。"抽象"是一个动词和形容词，通则从细节里抽取而来，因此最好先教细节，然后再进行抽象化。但在 20 世纪 60 年代晚期，教育家把细节扔掉，他们让自己相信：知道 $7+11=11+7$ 比知道这两者都等于 18 来得重要，最好是无须知道 a 和 b 是什么，就能知道 $a+b=b+a$。我能理解哈默斯利为何暴怒，但……从今天的观点来看，他的行为看起来像是条件反射，结果显示"软知识垃圾"包含有用和重要的想法，但这些想法最好是在大学，而非在高中教授。在数学的前沿研究中，数学必须变得一般

---

① 参见 J. Hammersley. On the enfeeblement of mathematical skills by "Modern Mathematics" and by similar soft intellectual trash in schools and universities, *Bulletin of the Institute of Mathematics and its Applications* 4（1960），66。

化和抽象化，否则不会有进步。从 21 世纪回头看 20 世纪 60 年代，那个时期的工作已有了成果，我想哈默斯利没能意识到新的应用需要新的工具，而纯数学家辛勤发展出来的理论，可以是那些工具的主要来源。

哈默斯利在四十年前所诋毁的"软知识垃圾"，我目前正拿来应用于流体力学、演化生物学和神经科学的问题上。我使用群论（对称的基础语言）去理解模式形成的一般性，并将这些想法应用在科学的许多领域，包括数学、物理学、化学、天文学、工程学和生物学。

那些自负于从事"实践"，或自负于自己毫不实践的人，两者都让我不安，他们都可能受制于短浅的目光。我想起化学家小托马斯·米奇利（Thomas Midgley, Jr.），他的职业生涯致力于两项发明：氟利昂和含铅汽油。氟利昂含氯氟烃（CFC），是破坏臭氧层的元凶，目前已基本被禁用。含铅汽油也被禁用，原因是有害于健康，特别是对孩童。所以，如果只专注在当下的实用性，有时反而可能造成日后的麻烦。当然放马后炮很容易，冰晶体的催化反应有助形成非常稳定的氯氟烃，并对大气层的顶层造成伤害，这很难事先准确预测。但从一开始就知道含铅汽油是个坏点子。

每个人都有权力鼓吹他们关于数学应如何研读的想法，但不应该认定只存在一种方式。梅格，我珍视多元性，也鼓励你如此。我也珍视想象力，因此我鼓励你发展自己的想象力并且加以运用。需要混合想象力和批判，才能分辨什么流行不会长久，才能看出你的同僚不屑一顾的东西或许仍有价值。今天的不流行有时可能变成明日的珍宝。

保持心灵的开放，但不要太开放，以免你的脑袋不堪负荷。

过去这些年以来，数学的许多新领域已经从种种不同的来源涌现，受到现实世界的激励，或是因为某些人认为它们很有趣，而从抽象的理论里萃取出来。某些新领域吸引了媒体的目光，包括分形几何、非线性动力学（nonlinear dynamics）或"混沌理论"（chaos theory）以及复杂系统（complex system）。分形的形状，像是蕨类植物和山脉，无论放大多少倍去观察，仍具有非常细微的结构。混沌是高度不规律的行为（例如天气），受到决定论定律的规范。复杂系统模仿大量相对简单的个体之间的互动，例如股票市场的交易员。从专业文献和数学期刊里，你偶尔会看到批判这些新领域的文章，它们都有让人再熟悉不过的保守论调：对那些没有上百年记录的新东西及评论家自己未曾使用过的数学新工具，他们全都表示轻视。真正让这些评论家感到困扰的不是这些新领域的内容，而是他们自认明显优越的领域却未能得到媒体的曝光。

实际上，非常容易评估诸如分形或混沌的科学影响力。你所需要做的只是阅读《自然》（Nature）或《科学》（Science）一个月，你将看到它们被用在探究诸如以下的事例：分子在化学反应的过程里如何分裂、气态巨行星（gas giant planet）如何吞噬新的月亮、一个生态系的物种如何分配资源。科学界早已开始研究它们，以致它们的使用目前已是例行工作而不值得注意。然而，某些顽固的保守主义者明显对科学的进展不太清楚，因此仍然驳斥这些领域不具任何重要性。我认为，他们恐怕落后这个世界约有二十年之久。对于一个存活很长时间并且仍然兴盛的领域，你不能只是视为暂时的热潮而置之不理。

这些人需要多见见世面。

卡克与哈默斯利在他们自己的领域异常活跃，富有想象力并具有前瞻性，所以将他们当成保守数学家的例子有些不太公平。他们显现的态度在他们的时代相当常见，卡克在概率理论上有重要贡献，他所写关于"鼓的形状"的论文更是珍宝。[1] 在 2004 年《星期五独立报》（*Independent on Friday*）的哈默斯利讣文[2] 中，提到对他工作的评价："哈默斯利……提出并解决了一些出色的问题，最著名的诸如自我限制的乱步和渗透。他非常高兴在退休后得知，自己获得数学家和物理学家一致的推崇，以及从他的探索性研究里发展出巨大的成果。"但文中也提到："讽刺的是，最近的进步来自一般理论，而非哈默斯利偏好的实用技巧。"

---

[1]　参见 M. Kac. "Can one hear the shape of a drum?" *American Mathematical Monthly* 73（1966），1-23。若已知一个平面震动薄膜所产生的音谱，可以得出薄膜的形状吗？卡克证明薄膜的面积和周缘可以被推导得知。但一般而言，我们是不能听音判形的，此点参见 C. Gordon, D. Webb, and S. Wolpert, "One can't hear the shape of a drum," *Bulletin of the American Mathematical Society* 27（1992），134-138。

[2]　*Independent on Friday*, 14 May 2004.

或许有些讽刺，但仍然完全可以预料得到。哈默斯利属于应用数学家中边做研究边修正的那一代，但目前的应用数学家把越来越多的注意力放在选择正确的工具以完成工作。

我们活在一个科技能力和需求激增的时代，解决新的问题需要新的方法，不论问题本质有多实际，方法的纯正依然很重要。同样地，跳跃的直觉思考导向创新方向，即使一开始不存在证明，但也要重视方法的纯正：新的数学为达成新的理解扫除了障碍，这将我们带回到维格纳和他的经典论文《数学对自然科学不可思议的效益》（The Unreasonable Effectiveness of Mathematics in the Natural Sciences）。维格纳不仅只是赞叹数学让我们有效地了解自然。已有许多人从事这方面的论述，并提供了我认为的极佳答案：不论是否有数学家注意到，数学的发展是（也一直是）双向交流，一方是实际问题，另一方是用以得到答案的符号或几何方法。当然数学对理解自然是有效的，因为说到最后，数学还是从自然而来。

但我认为维格纳是担忧（或是惊喜）于更深层的东西。如果某人从实际世界的问题出发，例如火星的椭圆轨道，然后发展出描述其所需的数学，没有任何理由感到惊讶。这正是牛顿使用他的万有引力定律、牛顿运动定律和微积分所做的事。但更困难的是去解释为何同样的工具（比如微分方程）也为处理和此问题无关的空气动力学和人口生物学发挥了作用。这是为何数学的效用显得不可思议的原因，就好像发明

127

了报时的钟，又发现它也是很好的航海工具。这的确发生过，一如达瓦·索贝尔（Dava Sobel）在《经度》（*Longitude*）里的解释。

从一个实际世界的特殊问题萃取出来的想法，如何能够解开其他完全不同的问题？

一些科学家相信，这是因为宇宙确实是由数学构成。约翰·巴罗（John Barrow）的论点如下 [1]：

> 对基础物理学家来说，数学整体而言非常有说服力。对日常经验和当下世界探索越深（正确认知这两者是人类演化和生存的先决条件），则对数学的运作越感赞叹。在基本粒子的内部空间或天文的外部空间，数学的预测几乎总是精确无比……这让许多物理学家认为，如果说数学只是文化的产物，就非常不足以说明它的存在和它描绘世界时的有效性……假如世界最深层是数学，则数学是对这个世界永不会失败的比拟。

如果上述是真的，那就太完美了。但还有不同的解释，不神秘主义、不基要主义，或许不太容易让人信服。

微分方程和时钟都是工具，不是答案。它们产生作用的方法是，借着将原本的问题镶嵌在更宽广的脉络里，获得一

---

[1] 参见 *Mission to Abisko*（eds. J. Casti and A. Karlqvist），Perseus, New York 1999, 3-12。

般的方法去理解脉络。此一般性改进了它们在他处运用的机会，它们的有效性正是因此而显得不可思议。

一个好的工具将有何用处，你不可能总是事先知道。一个圆形木头放在车轴上就变成轮子，可用以移动重物。沿着它的圆周切出凹槽并放上绳索，则轮子就变成了滑轮，可用以举起重物。使用金属做成轮子，并在周遭加上齿状物取代凹槽，则得到齿轮。将齿轮和滑轮、其他物品——摆锤、秤砣、古代日晷的钟面——组合在一起，便可以用来计时，这个定时器是轮子最初发明者无法想象的东西。20 世纪 60 年代的纯数学家锻造的工具，或许在 20 世纪 80 年代便派上用场。我对这个领域的哈默斯利极度尊敬，就如同我对在街上碰到的大型亚尔萨斯狗一样。我尊敬狗的利齿，但并不代表我同意它的意见。如果每个人都采取卡克与哈默斯利所鼓吹的态度，则将没有人能够发展出革命性的疯狂点子。

所以，你应该研读纯数学还是应用数学？

两者皆非。你应该使用手边的工具，适应并改造它们以配合你自己的研究计划，有需要时则制造出新的工具。

第十六封信

疯狂的想法怎么出现？

亲爱的梅格：

这很容易让研究听起来很吸引人：选择位于人类思想前沿的问题，让获得的发现可以流传千年……但这样的事情几乎不可能发生。数学研究的全部要求为：创新的头脑、有时间思考、有一个工作的地方、可以使用不错的图书馆、拥有一套好的计算机系统、一台复印机和宽带网络。以上的这一切除了第一项以外，其余的学校都会提供给博士研究生，但你必须自备创新的头脑。

创新的头脑当然是必要的条件，没有它则其他要求就毫无用处。作为一名学生，除非他已经显示出某些原创思考的能力，否则一般不会让他进入博士班就读，而这些能力或许已展现在一项计划或硕士论文里。原创属于天赋，不是教出来的，它可以被培养或压抑，但并不存在如"原创 101"这样教导原创的入门课程，让你只要念了教科书并通过考试，就可以具有创新的能力。

我承认我的说法和教育心理学家的主流意见相左，他们认为任何人都可以达成任何事，只要经由足够的训练。看到天才音乐家的长时间练习，这些心理学家便据以得到练习可以创造才能的结论，并推而广之到智力活动的所有领域。但他们的理念建立在不正确的实验设计上，他们要做的应该是重新去测试他们的理论：从一群缺乏音乐才能的人开始（例如音痴者），对其中的半数进行训练，将另一半作为对照组，然后去显示通过训练的确能产生许多才华洋溢的音乐家，且对照组一如预期并未产生任何音乐家。我确信训练可以产生某些改善，但不相信可以培养出一个像样的音乐家，除非他先具有天赋。

我不是莫扎特。我虽然有一点音乐天分，但并不多，这和缺乏练习无关。训练可以让我达到合理的精通水平，在大学时代我曾担任过一个摇滚乐团的首席吉他手，不过就算我拼命练习，我也达不到吉米·亨德里克斯（Jimi Hendrix）或埃里克·克莱普顿（Eric Clapton）的境界，遑论与莫扎特比肩。诚如爱德华·布尔沃利顿（Edward Bulwer-Lytton）所言："天才做必须做的事，而有天分的人做能做的事。"而我只是刚好具有足够的音乐天分，知道自己的能力。

我的确有数学天赋，虽然不到莫扎特的程度，但比我的吉他演奏好得非常多。在十岁时，我的数学已是班上第一名，请相信我，这绝不是来自大量的日常练习。其实我只花了很少的时间在数学上，因为我不需要花太多时间练习。我的同学认为，为了在数学测验上大幅领先他们，我必定花了许许多多的时间和精力在数学上，但我觉得不澄清这点会比较好。如果他们知道，相较于他们的勤奋，我却只花了极少的时间在数学作业上，他们一定会想把我给杀了。

当我在剑桥的丘吉尔学院念书时，我的一个朋友也主修数学。他每天都要在学习上花十二个小时，而我只是上上课、抄抄笔记，以及每周花一两个小时做点习题。如此持续了很长一段时间，直到遇到学年结束时的重大考试，我才开始花比较多的时间复习功课。当时的英国体系没有所谓的期末考，只是到了6月才有一次大考，出题范围包括过去一年所有教过的内容。所以我在4月和5月便开始较为用功，不过当我的朋友焚膏继晷读书之时，我仍有时间在酒吧喝着啤酒，玩着飞镖游戏。他夜以继日念书的报偿是什么？他勉强通过考试，而我得到第一等的成绩（相当于美国的全A成绩），以及学院奖学金。

事实上，有天分的人通常也需要经历严格的训练，必须如此才能保持在所选择领域的顶端。一个足球选手如果不每天花时间锻炼，则将很快便会被取代。但天分必须一开始就存在，这样训练才能发挥效用。

我怀疑心理学家过于强调训练的重要性，这是因为他们陷入儿童发展的政治正确理论，将所有年青的心智视为一张可接受任何事物的"白纸"。上述理论被史蒂文·平克（Steven Pinker）在他写的《白纸一张》（*The Blank Slate*）书中给全面推翻，但确切的驳斥从未能浇熄狂热的信念。

无论如何，梅格，既然你已进入博士班就读，系上负责招生的数学家已清楚相信，你拥有足够的原创能力去成功地完成学业。我也不怀疑你还拥有的另一项重要特质：全身心投入。你想要做研究，你对此充满渴望。我的一个同事曾对我说过："我确实无法分辨谁是最好的数学家，但我可以分辨谁是最投入的。"一些人相信，对学术生涯的发展而言，一旦表现出相当水准的能力之后，精力和动力就比天赋还来得要紧。

科幻小说家是另一种亟须原创性的职业，他们通常会被问道："你是从何处得到那些疯狂的想法的？"标准的回答如下："我们虚构的。"我曾写过科幻小说，也完成了。但作者不可能凭空虚构，他们将自己沉浸在可能产生点子的活动里，例如阅读科学杂志，并且对最模糊的想法与暗示保持高度警觉。

数学家也是如此获得灵感的。他们阅读数学期刊、思考如何应用，并对此保持"最大"的警觉。

然而，最棒的数学家似乎有其他方式得到新的想法，他们几乎像是住在另一个星球的人类。斯力瓦萨·拉马努金（Srinivasa Ramanujan）是一个出色的自学成才的印度数学家，他的生平故事非常浪漫，可参见罗伯特·卡尼盖尔（Robert Kanigel）所写的《知者无涯》。[①] 我比较倾向将拉马努金视为一个"公式人"，他大部分早期的数学知识来自一本相当稀奇古怪的教科书——乔治·卡尔（George Carr）所写的《纯粹及应用数学初阶成果纲要》（*A Synopsis of Elementary Results in Pure and Applied Mathematics*）。书中列了大约五千个数学公式，从简单的代数开始，直到复杂的积分和无限数列。这本书一定打动了拉马努金的心灵，否则他不会从头到尾全部研读；另一方面，这本书让他认为（因为没有人告诉他还有其他的可能）数学的本质全然是公式推导。

数学不只是公式的推导，例如还有证明和概念的建构。不过新公式仍然有其地位，拉马努金是这方面的鬼才。在1913年，他寄给哈代一份他得出的部分公式名单，因此开始受到西方数学家的注意。看着这个名单，哈代辨识出某些公式已为人所知，但是其他许多的公式则显得奇特，不知道从何而来，因此初步断定，这个男人如果不是疯子就是天才。哈代和他的同事约翰·利特尔伍德拿着这份名单来到一间安静的房间，决定待到可以分辨这个人究竟是疯子还是天才时再离开。

最后的判定是"天才"，然后拉马努金最终来到剑桥，和哈代、李特尔伍德共同合作研究。他死得很早，死于肺结核，

---

① 参见 Robert Kanigel, *The Man Who Knew Infinity*, Scribner's, New York 1991。

身后留下一系列的笔记，即使到了今天仍是发掘新公式的重要来源。

当被问到他的公式来源，拉马努金回答是印度女神纳玛吉里（Namagiri）在梦中告诉他的。他成长于萨兰伽帕尼（Sarangapani）神庙附近，纳玛吉里是他家庭的保护神。在较早的信件里，我曾提到，阿达玛和庞加莱强调潜意识在发现新数学上的重要角色。因此，我认为拉马努金梦到纳玛吉里，是他潜意识隐藏活动的浮现。

我们不能期望自己成为拉马努金，他所拥有的这种天赋不可思议。我怀疑，理解他的唯一方式是同样拥有那样的能力，不过即使如此，对预期的影响也可能微乎其微。

作为对比，让我尝试描述我自己通常如何获得新想法，我的方式要平凡许多。我大量阅读常常是和自己领域无关的书籍。我最好的想法经常发生在当我阅读时，让我联想起某件我已经知道的事情，这正是我为何选择研究动物的移动的原因。

这些特别想法组合的起源可回溯到 1983 年，当时我花了一年的时光在休斯敦和马堤·戈鲁毕斯基一起工作。我们对周期的动力学发展出一个空间—时间模式的一般理论。也就是说，我们探讨某些系统的行为一再重复相同的序列。钟摆为最简单的例子，它从左摆向右，又从右摆向左。因此如果你将钟摆放在镜子前，除了左右相反以外，镜子里的影像看起来和原状完全一样。镜里和镜外的两种状态都曾出现在原先的体系中，但在时间上存在刚好半个周期的差别。所以钟锤的左右摇摆具有某种形式的对称，其中空间改变（左—右）等同于时间的差别（半周期）。这种空间—时间的对称是周期系统的基本模式。

我们探索如何应用我们的想法，结果它们大部分可用在物理学中。例如，物理学家可用它来创建并解释存在于两个旋转圆筒间液体流动的主模式。在 1985 年，我和马堤前往位于北加州的阿克塔（Arcata）参加研讨会，研讨会后，四个人（包括三个数学家和一个物理学家）共租一部车前往旧金山。这是一部非常小的车子，称它为"超小型"汽车可能都有点高估它的内部空间，而且还必须装下我们四人的行李。更糟糕的是，我们中途停在纳帕山谷（Napa Valley）的庄园，好让马堤带上一箱他最喜爱的葡萄酒。

不论如何，在整个行程中，我们经常停下来欣赏红树林和巨型红杉。另外我和马堤也找到了如何将我们的理论应用到环状连接的振荡器系统中去——此处"振荡器"的定义为任何经历周期活动的东西。车里没有活动的空间，所以无法写作，我们因此完全在脑中完成这项工作。这个课题在数学上让人感到满意，虽然看来相当人工化。我们也从未想到要探讨生物学而不是物理学，这或许是因为我们不懂任何生物学。

这时，命运之神敲门了。为了替《新科学家》（New Scientist）杂志写书评，我收到一本名为《自然计算》（Natural

Computation）的书，内容谈到工程师如何受到自然的启发，例如，尝试开发和眼睛类似的计算机视觉。部分章节探讨脚步的移动，建造诸如可行走于上下起伏地形的有腿机器人。我因而受到启发，四脚动物的许多移动模式也开始出现在脑海中。

我认出部分的模式：它们具有空间—时间的对称性。我也知道，它们自然会以四个振荡器组成的环状物的形态出现。四只脚……四个振荡器……看起来无疑大有可为，所以我在书评意见里提到这个有趣的联想。

在书评付印后的几天，我的电话响起，是来自吉姆·科林斯（Jim Collins），他是正在牛津大学访问的年轻研究生，牛津距离我的住处有五十英里（约八十千米）远。他非常了解动物的移动，其中可能的数学关联激起了他的兴趣。他和我待了一整天，我们一起思考……长话短说，我们写了一系列的论文，讨论动物的移动。

我生命中研究方向的多次大幅转变，都以类似的方式发生：在某些我已经知道的数学和某些我凑巧遇到的事情之间，发现可能的关联。每一个这种类型的关联都是一个有潜力的研究计划，最棒的地方是已经知道如何开始：哪些特征对数学而言非常重要？类似的特征如何在现实世界的应用中出现？例如，在动物移动的故事里，环状数学振荡器和神经科学家所称的"中枢模式发生器"相关。这是神经细胞组成的回路，会自然而然产生移动的自然"节奏"，也就是时间—空间模式。所以吉姆和我很快了解到，我们正尝试仿真一个中枢模式发生器，首先的尝试便是视之为神经细胞的一个回路。

我们不再坚信我们原先的模型是正确的：它太简单、存在技术上的缺陷，需要稍微复杂的调整。我们清楚地知道替代模型应该有的样子，这就是研究：一个好的想法，加上数年的努力。

广泛阅读，让你的心智活跃，并时时留心周遭事物，当察觉某些有趣的事，便抓住机遇善加利用。正如路易·巴斯德（Louis Pasteur）的名言："机遇垂青有准备的人。"

第十七封信

如何教数学

亲爱的梅格:

真是个天大的好消息!恭喜你获得博士后研究的职位。我非常高兴,但毫不讶异,这是你应得的。关于果蝇视觉处理的研究计划听起来非常有趣,且和你的兴趣相合,即使你之前从未接触过生物学。

这个职位还包含某些教学职责,你应该视之为红利。你将发现教授数学会增进你自己对它的理解,但有点紧张也是很自然的事,如果你认为"尚未完全准备好"去履行教书职责,我也不会太惊讶。许多人在你的处境下会有相同的感受,但一旦开始就会渐入佳境。到目前为止,你整个生命都在教室度过,已经仔细观察过数十位老师,且对于课堂的成败因素也了然于胸。这一切都是为现在做准备。你不要因为缺乏自信而不重视这部分的工作。

如我的老师瑞得福先生一样，好老师在世界上的价值非凡。好老师会激励学生，至少是激励部分的学生；相反地，差劲的老师会让学生终生远离某些科目。不幸的是，成为糟糕的老师远较成为好的老师容易，而当某些学生真的很差劲时，你无须太糟糕，就可以产生同样的负面效果。比起帮助别人重新建立自信，摧毁别人的自信心要容易得多。

教学很重要，它不只是一项必要的无聊工作，用来作为从事令人激动的研究所付出的代价，它让你有机会将你对数学的了解传给下一代。许多出色的数学家喜爱教书，付出的心力一点也不亚于做研究，他们对所教的课程感到骄傲。

当你在准备课程、教授课程或出考题时，研究想法有时会突然出现。我认为，这是因为当你正在从事教书的相关事务时，你的心智将暂时离开"研究"的牛角尖，开始思索新的问题。

在这里我必须忏悔。我的职位在 1997 年有了变动，职责变成"科学活动的公开倡导"，以致已有好几年的时间未曾在大学上课。之前是一半教学、一半研究，现在是一半研究，一半时间用于公开演讲、广播、电视、杂志、报纸和科普书籍。这样的安排产生一项有益的效果：可以运用在大学本科课程中很少用到的教学技巧。最让人难以忘怀的是，某一天我将一头活生生的老虎带进了演讲厅。

当时我正在为英国国家广播电视台（BBC）录制 1997 年

的圣诞节演讲，是五小时的大众科学节目，有点像现场直播，共有约五百人的观众（大部分为年轻人）在现场。这个系列演讲开始于 1826 年的麦克·法拉第（Michael Faraday），我则是第二个参与的数学家。

五场演讲中的其中一场是关于对称和模式的形成，我以威廉·布莱克（William Blake）的诗作为开始，虽然有点陈词滥调，但不失为好的开场。诗的第一节如下："老虎！老虎！光焰闪耀……胆敢创造出令人惊异的对称。"[①] 因为在电视上播出，所以我们决定找来一只真的老虎。如何找到一只老虎是另一个故事，但我们的确做到了。尼卡（Nikka）是一只六个月大的母老虎，由两个魁梧的年轻人用链子牵着进入演讲厅。

我从未见过观众如此快速地安静下来。

尼卡的角色超越了诗的暗喻。我想到的对称性来自它的斑纹，特别是它优雅尾巴上的规律环状花纹。它是个真正的巨星，动作优美，我们得到了想要的效果。

以后，我的演讲开场效果再也无法和此次相比了。

我和大学生失去接触，取而代之的是我和野生动物的接触。数学系并未因此遭受损失，因为系上可以另外找人上课，但我错过了惯常和大学生的交流机会。当然我在他处获得补偿，尤其是我因而能自由支配时间，这是很棒的事。我还在指导博士研究生，所以我仍继续做了点教学的工作。你必须

---

① 整段原文如下：Tyger! Tyger! Burning bright in the forests of the night, What immortal hand or eye, Dare frame thy fearful symmetry?

记住，我所说的可能有部分已经过时，因为我近几年未再给大学生授课，不过我曾连续教了二十八年的大学课程，包括在美国的两年，因此我对美国的大学体系有所认知，也知晓英美两国体系的差别。英美两国体系的相似性仍较彼此的差异来得重要，不过我将试着将我的经验转化成你懂的语言。

对我而言，优秀老师的重要特征是，他们将自己放在学生的立场考虑。重点不在于进行清晰、准确的授课和评分，其主要的目标是要帮助学生了解教材。不论是上课，还是在课外辅导时间与学生对话，你必须记住，那些对你而言非常明显和清楚的东西，或许对那些从未接触过的人而言显得神秘模糊。

我总是提醒自己，当批改考卷时，很容易开始想道："我已在过去的二十年里持续教这个内容，而他们仍然不能理解。"每一年都有新学生，他们和学长、学姐碰到相同的问题，犯下同样的错误，误解同样的事情。每个老师都会经历过这些事，这不能算是学生的错误。

梅格，这其实是你的优势，因为你未曾经历过这些事。你应该视其为一个机遇，并且把握住它。你和学生们的年纪相近，加上你刚经历过他们正在经历的课业折磨，你也尚未对重复上同样的课程感到厌倦，他们因此会觉得和你相处很自在。我对最初教授的几堂课仍历历在目。相较于十年后，刚刚当老师那会儿觉得教书相对容易。过了一段时日，你便知道得过多，因此可能过度尝试将全部所知和洞见一股脑儿灌输给学生，这是一个大错误。学生的眼界不能和你相比，所以谨记 KISS 原则：

采用简洁的"傻瓜"模式（Keep It Simple，Stupid.）。只谈论
主要论点，不要离题（不论它们对你而言多具吸引力，因为这
样做需要学生了解不在教学大纲内的新观念）。

在这方面，美国的系统较英国的系统更为直接，通常会
有固定的教材和教学大纲——详细到页数和是否包括特定的
内容——因此确定内容后，每个人都可以或应该看明白。但教
师仍有某些教学空间，在针对教材引入你自己的见解来帮助学
生，和介绍太多无关的概念造成学生思路混淆之间，存在微妙
的均衡。

所以在你告诉学生可能是教科书之外的东西时，你需要
先问问自己：如果我是学生，只懂得教科书里某页以前的内容，
什么可以帮助我更加了解教材？获得完美答案的重要步骤，
是先确定你自己已经理解了相关内容。

让我给你举一个例子，解题方法比细节重要，因为方法
可应用于许多类似的情况。

你教书生涯的早期，上微积分预备课程的某个学生，将
可能问你为何"负负得正"。例如，$(-3) \times (-5) = +15$，而
非 -15。即使这个主题应该在高中就已学过，你仍然需要为标
准的数学惯例提出说明。

首先必须承认这是一个惯例，或许是唯一有道理的选择。
但数学家如果愿意，也可以坚持 $(-3) \times (-5) = -15$，只不过
乘法的概念将和现在的大大不同，代数的定律必须改写。不过，
在新的脉络下，旧的字词经常会有新的意义，所以无须对代

数定律感到害怕。

为何标准的惯例是好的，有以下两个理由：一个是外部原因，论及数学如何模拟真实世界；另一个是内部原因，与数学的美有关。

外部原因说服了很多学生。先将数字想成是银行账户的金额，正数代表你拥有的金钱，负数代表你欠银行的金额。因此，–5 是 5 元欠款，则 3×（–5）为三个 5 元的欠款，欠款的总额很明显等于 15 元，所以 3×（–5）=–15，似乎应该不会有人有意见。但（–3）×（–5）等于多少呢？这等同于银行豁免三个 5 元的欠款，若是这样，你获利 15 元，所以（–3）×（–5）=+15。

学生的唯一其他选择是主张 –15，但这将让人陷入债务之中。

"内部"的解释是求出（–3）×（5–5）的结果，这明显等于零。另一方面，我们可以使用代数的定律将之展开，得到（–3）×（5）+（–3）×（–5）。既然我们已经同意"负乘正得负"，因此上式等于 –15+（–3）×（–5）= 0，这意味着若代数定律具有一致性，则（–3）×（–5）=+15（等式两边同时加上 15）。

在第一个例子里，如果我们想要使用数学去模拟银行账户，则最多可以得到"负乘负必须等于正"的结论。在第二个例子里，如果我们希望代数的一般定理也可适用于负数，则最多也只能得到同样结论。虽然没有一定要求以上两个例子为真，但如果它们是真的，则无疑更为方便，因此数学家选择了这个特别的惯例。

我相信你能想到其他类似的论证，重点是不要跟学生说："就是如此，不要问东问西，记住就对了。"对我而言，更糟的是让学生认为没有其他的选择，负负得正是一个规定。实际上，所有这些概念——加、减、乘——都是人类的创造。

这时，你那些很有想法的学生或许会认为，在某种意义上负负得正是一种规定，也就是说，他们认为这是从计数中产生的唯一具有一致性的数字交流系统。你应该有所回应：事实上有几个数的概念的延伸，包括负整数、分数、"实"数（无限小数）、"复"数（–1 有一个平方根）和四元数（–1有许多平方根，但某些代数规则不再适用）。这些延伸的任何一个都是独特并拥有某些特性，但最后仍要由人们去选择他们认为重要的特性。例如，我们可以发明一个新的数字系统，其中所有的负数都相等，依据逻辑的观点，这样做具有完全的一致性，但却不会遵守代数的一般定理。

如果受到学生逼迫，你可以勉为其难地承认：某些概念的延伸看起来似乎更加自然。

这类的讨论不一定都有用，因为根深蒂固的错误观念难以移除。即使真的说得通，你还需要让你的学生了解他们的直觉在哪里出了问题。

在通常的情况下，当某个学生对教学大纲的某个部分面临学习障碍，真正的问题可能位于别处——课程的某一页或几年之前的某一页。或许他们不了解乘法和连续相加的关系，又或许是他们对乘法和连续相加的关系太过了解，以致不能看出为何能将 –3 和 –5 相乘在一起。教学竟然经常会揭示出你自己的数学背景中隐藏的假设或想当然的特性，这真令人感到惊讶。不论何时，当一个既存的数学概念被延伸至一个新领域，你就必须放弃之前的某些解释，接受新的解释。

　　你可以和数学的新材料和睦相处一阵子，而不必去完整接纳。我的同事戴维·托尔有一个我相当喜欢的说法，他认为数学发展乃是借着概念将过程转化为事物。例如，"数字"先从计数的过程开始，数字 5 是当你数手指而得："一、二、三、四、五。"但为了要进步，在某一个阶段，你必须停止计数的过程，而将 5 视为某种自身有存在价值的事物。这对你处理诸如 5+3 的加法时会很有用，但学生仍可以掩盖他们无法将计数转化成事物，他们依然伸出一只手和另一只手的三根指头，然后数数总共有多少根手指头："一、二、三、四、五、六、七、八。"

　　如此的掩饰可以经历很长一段时间仍不会被察觉，但面对诸如 2546+9773 的加法时，将难以为继。

　　乘法提供了另一个例子。在一段时间内，可以将诸如 4×5 视为 4+4+4+4+4，然后使用加法，甚至可以通过数数得出答案。但一旦面对 444×555，则需要更加复杂的方法。

　　有趣的是，我们在短期用来教授新概念的策略，在长期的应用中却行不通。我们将数字关联到计数，并通常使用真实的"计数器"，我们也将乘法连结到连续相加。这样做并没有错，因为数学将新概念建立在旧概念之上，否则将很难进行教学。但最终，新的概念必须和旧概念脱钩，学生必须将新概念内化。

戴维将过程夹带概念称之为"过念"（procepts）。[①] 过念有时被有效地视为一个过程，其他时候则可视为一个概念和一个东西。数学的艺术牵涉到在此两种概念间无碍地转换，因此当你从事研究时，甚至不必留意这个转换；不过当你教书时，则必须加以留意。如果你的某个学生对过念理解有困难，问题的根源可能来自过去未能将牵涉的某个过程"过念化"。所以身为老师的职责，是去倒溯追踪形成这个新概念的一系列概念。你不必找出学生无法回答问题的第一个地方，而是应该找出：学生只能靠某些较为简单概念作为缓冲，来回答问题的第一个地方。

在英国的小学，教育的基础大错特错。我们现在有一个受到高度管制的"国家课纲"，老师名副其实地在数百个圈选处注记学生的进展：他们可以数到 5 吗？确认一下；他们可以用 5 加 3 吗？确认一下。以上假设学生是否有能力得到答案很重要，但真正重要的是他们如何得到答案。我太守旧了，相信他们总会得到正确的答案，但我很难简单评价所用的"方法"。不过，我确信，勾选一系列的选项绝不是教数学该有的方式。

---

① 取 process 的前缀和 concept 的字尾组合而成。

第十八封信

数学这个圈子

亲爱的梅格：

　　你即将成为数学社群里羽翼丰满的一分子，应当是时候去了解这代表的含义了。数学不仅是指我们之前已经谈过的专业层面，还包括将与你共同工作的人们，以及应如何融入这个群体。

　　在科幻小说圈子里流传着一句话："当粉丝既骄傲又寂寞。"他们对那些在世人看来奇怪又无意义行为的热情，是他人所无法体会的。这让人很容易联想到"怪人"这个词，不过我们都是执着于某事的怪人，不是吗？（那些除了电视对其他事物都不感兴趣的电视宝宝除外。）数学家对他们追求的主题充满热情，并且对属于某个触角伸得广远的数学社群感到骄傲。你将会发现社群是一个获得持续激励和支持的来源，遑论批评和建议。是的，必定也将有不同意见，不过一般而言，数学家友善自在，只要你避免犯下某些错误。

骄傲是一件事，而寂寞又是另一件事。我的经验是，今日的公众更加注意数学家所做的有用和有趣的事情。在派对上，如果你承认自己是数学家，则非常可能被问到："你对混沌理论的看法是什么？"别人还可能对你说："我在学校时数学就学得不好。"在《侏罗纪公园》（*Jurassic Park*）里，作者迈克尔·克莱顿（Michael Crichton）说："今日的数学家不再像个会计师，一些数学家反而像是摇滚明星。"

若果真如此，对摇滚明星来说，这真是一个坏消息。

即使人们在派对中问你混沌理论，但向穿皮衣的男子解释关于凯勒流形（Khler manifold）的半连续伪度量（semi-continuous pseudomertics）的最新发展，仍是不明智之举（虽然他可能也是个数学家，但还是别指望）。所以，虽然公众对数学有更大的包容，但仍将会有某种时刻，你想要和那些懂得你工作的人们来往。例如，当你终于证明出罗迪克费德尔猜想（Roddick-Federer conjecture）在维度大于 34 时的凯勒流形伪度量的半连续性谜题。

科幻小说迷前往聚会，和其他同好交流。赛狗迷参加赛狗秀，并与同好进行育种比赛。数学家则参加研讨会以遇见其他数学家，他们在会上演讲，进行座谈，或只是参加会议。

我们的首席副校长杰克·巴特沃斯（Jack Butterworth）曾说：除非学校四分之一的教授位于天上，否则这间大学将毫无价值。他指的是搭飞机旅行，而不是智力高飞。增进数学事业的最好方式，是和其他数学家进行交流。

如果你幸运，其他数学家将前来拜访你。成立于 1960 年的华威大学（University of Warwick），已是全球一流的数学中心之一，因为从第一天开始，此大学就针对数学的某些领域举办为期一年的座谈会（曾有人告诉我，"座谈会"意味着"一起喝酒"，这是个难以驳斥的论点）。如果你选择参加，的确是一个好的做法，也很有趣。数学像所有的科学一样，向来都是国际性的。牛顿过去写信给他在法国和德国的研究同行，但今天他则可以搭乘廉价班机与他们见面。

数学家聚会，通常会一起喝咖啡。艾多斯说："数学家是将咖啡转化成定理的机器。"数学家分享笑话、八卦、定理与消息。

笑话当然是数学笑话。在 2005 年元月的《美国数学学会通报》（*Notices of the American Mathematical Society*）里，有大段的经典数学笑话摘要，这些内容是数学文化中重要的一部分。梅格，例如里面有诺亚方舟的笑话。（事实上，我喜爱的诺亚方舟笑话是生物学的一个漫画：大雨滂沱，方舟载有每种动物各两只，诺亚在泥地中到处翻掘，诺亚太太从船上喊道："诺亚！不要管另一只变形虫了！"）无论如何，数学版的诺亚方舟笑话如下：

洪水退去，诺亚方舟平安地停在亚拉腊山（Mount Ararat）的顶端，诺亚要所有的动物离开并繁衍下一代。不久大地充满各种动物，只有蛇是例外。诺亚不解为何会这样，某天早晨，两条可怜的蛇敲响了方舟的门，它们向诺亚抱怨："你没有砍下任何一棵树。"诺亚感到困惑，但还是顺从了蛇的意愿，结果一个月内，竟到处都是幼蛇。诺亚费了一番工夫，找到了这两条蛇，问它们："这跟树究竟有什么关系？"其中一条蛇回答："你没有留意到我们的品种。"诺亚仍然摸不着头绪，蛇继续说道："我们是产自非洲的毒蛇（adder）①，因此我们只能利用原木（log）②进行繁衍（multiple）。"

这是个属于乘法的双关语笑话：你可以对数字的对数值（log）进行相加（add），来得到数字相乘（multiple）的结果。③

另一个笑话讽刺证明的逻辑："定理：一只猫有九条尾巴。证明：没有猫的尾巴为八条，所以一只猫比起没有猫多出一条尾巴。故得证。"

数学家们彼此谈论定理。诡异者如"火腿三明治定理"：如果你有一片火腿和两片面包，不论如何安排三者的相对位置，都存在某个平面将这三者的任何一个都刚好分成大小相等的两半。或是最近被证明的"风箱猜想"（bellows conjecture）：若多面体屈曲（某些明显可以），则体积不变。但通常有一些蹊跷："证明这个猜想？好，那现在试试 n 维 n 个物体。"有时数学家彼此谈论某些臆测、未被证明的定理和那些已知可能

---

① 又指数学中加法运算的对象。

② 又指数学中的对数。

③ 同底对数相加，等于其底数不变，真数相乘，即 $\log_a m + \log_a n = \log_a m \cdot n$。

是错误的东西。"香肠猜想"（sausage conjecture）是作为初学者的我所喜欢的猜想之一：如果想要使用塑料膜将网球包起来，则什么样的安排具有最小的表面面积？（假设塑料膜形成无凹陷的凸状表面。）答案是：如果球数少于或等于 56 个，应该排成一列，成为一条"香肠"；但如果球数至少为 57 个，则应该堆叠成一团，像是在网兜里的马铃薯。

在一个四维的类似情况中，球数的分界点应介于五万到十万之间。如果球数不超过五万个，则应形成香肠形状；如果球数至少等于十万个，则堆叠成一团。不过确切的分界点尚未找出。

以下是完整的猜想：三维和四维的状况容易让人误入歧途。需要证明的是：对五维或五维以上的情况，不论球数的多寡，香肠式的排列总是我们要的答案。

已经证明，香肠猜想在四十二维或更高维度都是对的。

这听起来很奇特，但我很喜欢。

还会有一些流言蜚语，可能是关于近来某个和秘书有染的拓扑学家，或是两位知名群论学家的惨烈离婚，我认为这是受到电视的负面影响所致。过去，闲聊的内容通常是关于谁要接任某个大学某个系的系主任；或是是否有人目前正在找一位像我的学生凯利一样的年轻的泛函分析专业的人来承担博士后研究的工作；又或是你认为威寇和惠尔柯对某个假说提出的证明，有多少可能性是对的呢？

也会有一些严肃的消息。如我所写，交谈的重要主题，是关于格里高利·佩雷尔曼（Grisha Perelman）宣称已证明庞加莱猜想的最新信息。[①] 有人发现其中的错误吗？专家是怎么想的？这真是让人振奋，因为庞加莱猜想是数学长久以来未解的问题，重要性仅次于黎曼猜想。庞加莱猜想可以回溯到1900年，庞加莱所犯下的一个错误。他假设道：若任何三维的拓扑空间（加上一些技术上的条件），在其中的每一个环均可以连续缩小成为一个点，则这个三维空间必定等同于一个三球（three-sphere）——一个普通球体的二维表面的三维对应物。然后他注意到缺乏证明，并尝试找出一个，不过却失败了。他将这个失败转化成为一个问题：是否每一个如此的空间都是一个三球？但每个数学家都觉得答案应该是对的，因此这个问题变成了猜想。较高维度（高于三）的情形先获得了证明，但这还是让人沮丧。庞加莱猜想变得恶名昭彰，以致克雷研究院（Clay Institute）将其列为 20 世纪的七大未解难题之一，其中每一个难题都悬赏 100 万美元求解。

在 2002 年和 2003 年，一个羞怯的俄罗斯年轻物理学家佩雷尔曼，在"档案"（arXiv）发表了两篇论文，"档案"是一个专门登载未曾进行书面发表的数学论文的网站。非正式的评论提道：这两篇论文不仅证明了庞加莱猜想，也同时证明了更加有用的瑟斯顿几何化猜想（Thurston geometrization

① 参见 J. Milnor, Towards the Poincaré conjecture and the classification of 3-manifolds, *Notices of the American Mathematical Society* 50（2003），1226-1233 以及 M. T. Anderson, Geometrization of manifolds via the Ricci flow, *Notices of the American Mathematical Society* 51（2004），184-193。

conjecture），它对所有的三维拓扑空间都很重要！

通常这类的宣称最后都成为无价值的东西，但佩雷尔曼的想法相当聪明并且来历分明。他的技巧是使用所谓的里希流（Ricci flow）来使得空间变形，几近等同于爱因斯坦广义相对论方程式里"空间—时间"的转换。这会面临意想不到的障碍：为了理解证明，你需要知道三维拓扑学、相对论、宇宙论和十几个其他纯数学和数学物理里不相关的领域。这是一个冗长和困难的证明，如果不谨慎小心就很容易犯错，此外，佩雷尔曼遵循俄罗斯著名的传统，不给出证明的所有细节。所以全球那些在学校里根据他的想法从头到尾论证了一遍的专家，也不敢贸然宣布他的证明是对的。但每次当有人发现可能的分歧或错误，佩雷尔曼总是静静解释他早已经想到过，并说明那为何不是一个问题。他是对的。

值得一提的是，即使提出的论证最后被证明是错误的，但在证明过程里所得到的正确内容，仍对数学有很重要的意义。又如我所写的，专家似乎更倾向认为佩雷尔曼的证明真的行得通。所以梅格，在咖啡交流的时间里你要注意倾听。

当你的事业逐渐发展，全球的数学社群对你将日益重要。你将会成为其中的一员，然后你在地球的每一个城市都会有一个落脚之处。

刚抵达东京吗？拜访最近的大学，找到数学系，走进去。那里面至少会有一人你认识，或是已经通过你的著作认识你了（即使之前未曾谋面）。他们会放下手边的事情，打电话给保姆，晚上带你到城里逛逛，如果你忘记预定旅馆，他们或许会提供家里的客房。他们会安排一场讨论会，你可以将你最近的研究想法报告给一群有共鸣的听众，他们甚至可以想办法稍微补助你一点机票费用。

然而你无须刻意搭乘商务舱或下榻旅馆套房（至少你目前不行），数学遵循廉价和开心的原则。我有时会希望我们不要如此低估自己，但这是根深蒂固的习惯，已经难以改变。

使用电子邮件事先通知东京大学数学系关于你的到访，当然会更加有礼貌和更有条理，不过结果仍然会差不多。

如果你和东道主相处融洽，他们将会再次邀请你。因为你和他们同时攀爬职业生涯的阶梯，你们都将开始受邀参加研讨会。然后，你将发现自己在组织研讨会，这代表你能够邀请你想要邀请的任何人参加。因为存在某种"相变"，所以大概经过一年的时间，你将从没人邀请你参加研讨会，转变成太多人邀请你。这时记住要懂得选择，学会说不，但也要学会适时表达你愿意接受邀请的意愿。

有大型研讨会、中型研讨会和小型研讨会，也有特定领域的研讨会和一般研讨会。大型和一般的研讨会非常适合于扩展人脉和寻找工作机会。每隔四年，国际数学家大会（International Congress of Mathematicians）会在世界的某处举办研讨会。我上一次参加在日本京都举办的会议，共有四千人与会，遇见了许多旧朋友，并认识了一些新朋友，还稍微了解了我研究领域以外的研究。我的家人也和我同行，他们有很多时间探访这个城市和近郊。

我更喜欢小型而有具体研究主题的专题会议。你可以从中学到很多，因为几乎每一场演讲的内容都会让你感兴趣，并且和你正从事的研究有关联。一旦在某个领域待上数年，你将认识几乎所有来参加研讨会的人们，除了那些刚刚加入这个社群的年轻与会者。

梅格，欢迎你加入。

第十九封信

猪和卡车

亲爱的梅格：

　　哇！助理教授——我真为你感到骄傲——而且是知名的大学呢。你现在已经是个具有专业责任的职业数学家了。我突然想到，之前我忙着提供的建议，都是关于在何种情况下应该做什么，却遗漏了事情的另外一面：什么不应该做。现在你已拥有准终身教职，将承担更多责任，所以，如果你搞砸了，将会损失更多。数学家有许多方式可以让自己在大众面前丢人现眼，几乎所有的数学家在生涯的某个时间点上都会出错。人都会犯错。聪明的人向犯错的人学习，以最不痛苦的方式从他人所犯的错误中学习。

　　你在数学圈待得越久，将会难以避免犯下越多错误，这是经验老到之人得到经验的方式。我曾亲身经历和犯下很多

157

错误，包括在黑板写下错误的方程式，以及在某些重要的公众场合羞辱大学的校长。务必小心注意，你绝对会犯下某些属于你自己的新错误，偶尔的受窘是人类固有的特质。

我大部分的建议都会很明确。助理教授如果想要在大学获得终身教职，就必须明确学校的要求和期望，并且满足这些要求和期望。如果你被期望除博士论文之外再发表两篇论文，结果只发表了一篇，虽然再加上担任数学社团的指导老师、负责在布达佩斯的海外教学计划、获得一个重要的研究奖项，并获选十年以来的最佳教师，你还是有可能无法获得终身教职。对较资深的教授要小心谨慎和有礼貌，除非你有很好的理由不必如此客气，或你想要换个工作。对其他人也要客客气气，不论他们够格或不够格。如果你对某些决定和论点表有异议，则必须精确而清楚地表达你的观点，注意不要暗示和你相反的观点很愚蠢，即使那的确是愚蠢的看法。要遵守诺言，不论是在导师的班会时、学生答疑时、考试评分，或是出席国际数学家大会的大会演讲。如果你答应参加某个会议，则准时出席、聆听讨论并有所贡献（不要巨细靡遗）。请记住你是专业人士，就该表现得像专业人士。

另一方面，某些错误只有在你已经做了以后才会变得明显。这是一个在华威大学流传已久的故事：当我结束在大学部的首次上课后，却走进了一间储藏室。是时候让我诚实以对了，我必须承认那的确是间储藏室，但同时也是演讲厅的一个紧急出口。我当时假定，既然学生可以经由主要出入口离开演讲厅，我也应该可以从当时看起来像是侧门的地方出入。我于是走了进去，发现周遭竟然到处是水桶和拖把，更糟的是，我发现沿着这条路线离开的唯一方式是使用紧急出口，不过这也将触动警铃。我已经注意到门边的"出口"标示，但却未看到在上方的"紧急"两个字。所以我被迫而非愚蠢地从这所谓的储藏室走出，然后加入学生一同走向演讲厅后方的阶梯，最后经由主要出入口离去。

这个故事告诉我们不要假设事情，必须事先做好准备。不只是你上课使用的演讲厅平面图、建筑物的位置、会议举办的城市，或是会议举行的日期，等等。请回想墨菲定律（Murphy's law）："每件事都可能出错。"特别是，必须记住数学家对墨菲定律的推论："任何绝对不会出错的也会出错。"

以下是我的一个好友的亲身经历，他也是数学家。某次他到某个国家的某个城市参加会议（国家名称还是不说为宜），因而从某地搭乘飞机前往相当遥远的另一个城市。当他坐在飞机里潦草地进行某些计算时，他注意到正驾驶从驾驶舱走出来，把门关上，几分钟后副驾驶也走了出来，也把门关上。不久之后，当正驾驶尝试开门回到驾驶舱，似乎遇到一些问题，副驾驶也加入帮忙，但还是无法开启驾驶舱门。在那个时候，我的朋友了解到，这架飞机正以自动驾驶的模式飞行，完全不受任何人的监控。接着某个空姐和飞机驾驶员说了一些话后就消失了，她再出现时随身携带了一把小斧头。然后正驾驶使用这把斧头劈向驾驶舱门，弄出了一个洞，将手伸进去，打开了门。飞行组成员再次进入驾驶舱，并关上了门。

没有人向明显受惊吓和困惑的乘客解释：到底发生了什么事？

我这里的建议，实际上是给正驾驶和副驾驶的，而不是给乘客的。如果你去参加一个研讨会，有时你必须搭乘由主办单位预订的飞机。只要你愿意，你可以选择不去，但总不能因为要避免搭乘安全记录可疑或老旧的飞机，而不参加所有的会议。对乘客来说，没有任何方式能够预先知道问题，以便协助解决或设法予以避免。

让我重新回到上课这个主题。另一个有用的建议是，必须确定你有足够的时间抵达教室，要避免被事情耽搁。我对于某次上代数课迟到仍然记忆犹新，当时我住在乡间，我的一位数学系同事在同一村落里拥有一个小农场，所以我们一道驱车往返学校。某天由他负责开车，他决定先将猪载到当地的屠宰场后再去学校。这头猪或许意识到这趟旅程将对它不利，因此有了其他的想法，拒绝爬上卡车。用一头猪拒绝爬上卡车来解释迟到的原因，听起来不怎么专业。

聆听和发表演讲，是和其他数学家进行交流的主要方式之一。可以是专题讨论会、特殊领域的专家演讲、学术报告会、为职业数学家准备的一般性演讲，或是针对大众的演讲。所有的演讲都伴随着潜在的灾难。

例如，某位专精于数论的教授，总是在专题讨论会的一开始就出现在会场，但演讲开始的几分钟后，便自动进入梦乡，而且持续发出很大的鼾声，一直睡到演讲结束，听众的鼓掌声将他吵醒为止，然后他就提出尖锐的问题。不论如何，你应该仿效能够提出尖锐的问题，不过要尝试尽量不要在演讲过程中打鼾，否则你将得到怪异的名声。

如果你是会议发言人，墨菲定律便很容易在你身上发挥效用，特别是在你使用设备时。当我开始教书，使用的设备只是黑板和粉笔，我必须承认我始终偏好低科技的视觉辅助器材，不过如果有必要，我也可以准备用投影仪，并附以网上下载的漂亮图片演示的多媒体"动感"PPT。我曾使用过架在天花板上的投影仪、味道刺鼻的白板笔，甚至包括企业人士普遍使用的活动挂板。

甚至粉笔也会出错。首先，粉笔可能不在教室里，因此我习惯上课时随身携带粉笔盒，免得上一个使用该教室的老师已将粉笔用尽，或是学生开个玩笑将之藏了起来。某些粉笔非常容易让你的衣服到处沾上粉笔灰：我必须确定我使用的是"无尘"粉笔，虽然多少仍会弄脏我的衣服，但相对容易清理得多。许多种类的粉笔在书写时会发出尖锐刺耳的声音，所以需要经过一些练习才可避免。另外，在可容纳五百个微积分新生的洞穴般的演讲厅里，一般大小的粉笔并不适用，你需要特大号的粉笔。

其他种类的设备可能会发生更大的错误。我的一个好友在英国的数学学术报告会（British Mathematical Colloquium）上发表过一场简短的演讲，这是英国最重要的数学研讨会，每年举办一次。他尝试使用一个架在天花板上的投影仪，以便在银幕上显示许多的图片。不幸的是，当他试着要从天花板上将银幕拉下（银幕卷在滚轴上，并连着一根绳子），结果整个银幕砸在他头上。最后，他只能将图片投影在墙上。

当主办单位告诉你所有的设备都可完美运作时，千万不要相信，一定要在演讲前自己先试一试。我曾在波兰华沙对大众进行演讲，当时使用一个装有约八十张三十五毫米幻灯片的卡式盒。我被说服先将幻灯片交给工作人员，然后和主持人趁空档一起喝杯咖啡。当我走进房间要发表演讲，工作人员将幻灯片放入投影仪，由于银幕位于较高的位置，所以投影仪需要大幅倾斜放置。卡式盒从投影仪里滑落，掉落到地板上，里面的幻灯片散落四方，许多幻灯片夹在碎裂的薄片玻璃中间。接着在五百位有耐心的听众面前，我花了十分钟才大致让一切就位。

不要将投影银幕和白板搞混，以免在投影银幕上使用永久性墨水。许多人犯了这个错误，因此他们的演讲和错误被永久保存了下来。

著名的物理学家理查德·费曼（Richard Feynman）曾为了要在巴西演讲去学习西班牙文。还是先找对当地的语言吧！（编者按：巴西通用语言为葡萄牙语。）

如果你负责接待演讲者，记住必须先确定自己拥有演讲场地的钥匙。在某个场合，我必须临时凑合做演讲，因为虽然我们都看到投影仪位于一个装备精良的房间，但由于没有人知道钥匙在哪里，所以无法使用这个上锁的房间。

不要忘了，你接待的访客或许不知道当地的地理环境。当时，我曾被遗忘在荷兰某大学数学系的一栋建筑内，东道主正动身走向停车场要前往餐厅，我必须从窗户离开（引发了警铃），不过我最后还是在停车场赶上了他们。这是件好事，因为我完全不知道餐厅的位置，甚至连名字也不知道。

避免在奇怪的建筑物内晃荡，特别是在黑夜。一个生物学家朋友曾访问以海洋生物学系闻名的一家机构，它设有水族馆，入口位于几级阶梯的下方。深夜他独自在建筑物内，尝试进入那间漆黑的房间，因寻找电灯开关，结果误触火灾警报器。

结果来了六辆消防车，闪光照耀天际，警笛声响彻寂静的夜晚。

他打电话去消防局解释他的错误，但根据规定，消防人员不能回到基地，除非已完成现场检查。

委员会是另一个你可能轻易犯下可怕错误的地方。大学通常利用相互关联的委员会和次级委员会的网络组织来运作，某些委员会很有权力，某些仅用于装点门面。大部分委员会都有存在的理由，许多委员会处理低阶但重要的事务，例如试卷评分和整理课程规范。你必定会参与委员会的工作，也应该参与。大学是一个非常复杂的地方，如果每个人都不愿对此负责，则大学很难良好地运作。因此，每个大学教师都应该像个管理人员；就某种程度而言，每个管理人员也必须是个学者，特别是对高层管理人员而言。

我自己并不热衷于参加委员会，因此无法提出如何"运作"委员会这样对你有用的建议。但我的确知道如何做可以达到相反的效果。以下的故事为一个典型的例子：某个重要的委员会对某个特别的行动方案进行辩论，一位在座的数学家立刻看到这个行动将导致灾难，因此花了五分钟说明他观点的逻辑思路。他的观点和分析非常精确清楚，无懈可击，没有人可以质疑他的结论和提出论据来反对。然而，由于其他委员尚未发言，所以辩论继续进行。大约过了一个钟头或更久，期间数学家未再发言，因为他认为已清楚表达了他的观点。最后委员会进行了投票，结果通过了这个数学家所警告和反对的行动方案。

这个数学家犯了什么错误？不在于他的分析，也不在于他的表达，而在于提出意见的时间点。在任何一个委员会的讨论里，都有一个关键时刻可以让决议向正或反意见倾斜，这是发言的最佳时机。如果你太早提出论点，每一个人都会忘记你说了什么。如果够幸运，你或许可以及时做出提醒来加以补救；但如果太晚提出意见，通常也不会有任何效果。

另一件不要在委员会里做的事情是：当你已经成功说服其他人后，不要再持续提及你的论点。如果你只是持续述说每个人已经清楚明了的事情，或许会因此失去支持。如果你手上还有更多的"子弹"，先省着以备接下来的需要。

以上是我目前谨记在心的一些想法。

第二十封信

合作的乐趣和风险

亲爱的梅格：

是的，有些进退两难。终身教职和晋升取决于你个人教学和研究的履历，但和他人合作也有吸引人的地方。幸运的是，合作研究的优点已广为人知，而且你个人对研究团队的贡献也会被认可。所以我认为你应该尽力做好研究，如果这能够使你加入一个团队，就加入吧。如果研究做得好，且教学履历超过标准要求，则自然可以晋升，不论你是独自研究或和他人共同研究都无所谓。事实上，合作有确切的优势，例如可以有效获得撰写研究计划和管理计划的经验。你可以从担任别人团队中资历浅的成员开始，要不了多久，你将会成为主要的研究者。

对于合作的态度正在快速发生改变。在过去，大部分的数学家独自进行研究，伟大的定理总是被单一的个人所发现和证明。确切地说，那时也有别的数学家同时也在独自研究同样的问题，不过合作很罕见，由三人或三人以上合作的论文根本不存在。到了今天，三人或四人合写论文是非常平常的事，我过去二十年里近百分之九十八的研究都是和他人合作的，最高纪录是一篇论文有九位作者。

和其他科学领域相比较，数学界的合作算不上什么。一些物理论文有时会有超过百位的作者，生物学也是如此。学术界彼此的合作日渐增长，但终身教职和晋升决定于在一定期间内所发表的论文时，合作有时则被嘲弄成对于"发表或灭亡"（publish or perish）心态的调适。某个简单的方法可以增加你发表的论文数量，就是让自己列名在其他人发表的论文里。回馈也很容易，只要将他人的名字放入你自己的论文里。

但我真的认为，这种投桃报李的行为并不是造成共同作者日益普遍的主要原因。

某些物理论文的作者人数非常非常多，理由很简单。对基本粒子物理（fundamental particle physics）而言，研究团队非常庞大，而且要花上数年的时间，才能发表一篇通常约四页长的论文。研究团队包括理论物理学家、程序设计师、建造粒子探测器的技术人员、模式辨识算法的专家（解释由分析探测器收集来的极为复杂的数据）、知道如何建造低温电磁体的工程师，以及其他许多相关的人。所有的这些人对整个计划都很重要，因此每一个人都应该列入报告的作者名单。但物理学的研究报告通常不长而且只陈述重点，例如："我们已经探测到理论所预测的 Ω^- 粒子（omega-minus particle）：以下是证据。"某些人或许可以因这四页论文而得到诺贝尔奖，通常是第一作者。

大型科学往往牵涉到许许多多的人，庞大的生物计划如基因测序（genome sequencing）也是如此。

一些类似的事情已在整个科学界持续发生，根本的原因在于科学和数学已经日益跨越领域。例如，你应该还记得，将动力学应用在动物移动上是我感兴趣的一个领域，我早期的论文都是和吉姆·科林斯合写，他是一位生物力学的专家。必定得如此：我对动物的移动懂得不多，但吉姆对相关的数学不熟悉。

我和九个作者的联名论文总结了两个三年计划，将数据分析的新方法应用在弹簧和电缆产业。超过三十个人参与了这项工作，出版时，我们将作者名单减少到只包括那些有直接和显著贡献的人。其中的一些人负责数学的理论层面；另一些人找出新方法，以从我们所能记录的数据里抽离出所需要的；其他人执行这些数据的分析。我们的工程师设计并建造了测试设备；我们的程序设计师撰写程序，好让计算机能够实时执行必要的分析。跨领域的计划就像这样。

在过去的二十年，全球提供研究经费的机构都提倡跨领域的研究，因为跨领域研究中可以产生巨大的成果，并且将持续出成果。这些机构最初犯了些错误：跨领域研究的想法虽然受到赞扬，但当时如果有人提出跨领域的计划，它将会被提交给单一学科的委员会审查，而这样的委员会当然无法理解这个研究计划的重要部分。例如，某个将非线性动力学应用在演化生物学（evolutionary biology）的计划，应该会被数学委员会拒绝，这是因为他们和审查人的专长都不是在演化领域；同样地，这个计划也会被生物学委员会拒绝，因为他们不懂数学。结果是提供经费的机构除了不给经费支持，在任何方面都鼓励跨领域研究。

提醒你，没有人做错什么事。实际上单一科学委员会不可能认同将钱花在演化动力学上，因为那将会减少最尖端研究计划的经费，例如代数拓扑学（algebraic topology）或蛋白质折叠（protein folding）——蛋白质可凭借相互作用在细胞环境下（特定的酸碱度、温度）完成自组装，这种自组装的过程被称为蛋白质折叠。感谢那些做出贡献的人，目前这个系统已有改变，甚至变得更好，对科学和数学而言，跨好几个领域的计划也已经可以获得资助。重要的结果之一，是创造出全新的专业，例如生物数学（biomathematics）和计算宇宙学（computational cosmology），另一个重要结果是使得传统学科的界限日渐模糊。

撇开这些行政因素不谈，还有其他的理由让共同发表急速增加。社会理由如下：在群体中和同事一起工作，要比自己单独关在研究室里对着计算机来得有趣得多。当然，有时你还是需要独处以理清概念上的问题、将定义公式化和完成计算。但你也需要和与你研究相同领域的其他人讨论，以获得新的灵感，或和那些研究你所感兴趣的领域的人们进行讨论。其他人知道一些你所不知道的事情。更有趣的是，当两个人集思广益，通常会产生一些新想法，这些新想法是任何一人无法单独想出的。这是一种协同作用、一种新的综合，我和杰克·科恩喜欢称之为共谋关系：当两个观点形成互补，则不仅仅只是像锁和钥匙或草莓和奶油一样相互配适，还能够延伸出新的想法。当你的事业逐渐取得进展，你便可能非常能体会合作的乐趣，也会感激那些和你心灵互补的同事们的帮助，以及对你的想法的兴趣和支持。

不幸的是，与他人合作有时难免产生问题，选了一个错误的人合作无疑会招致灾难。选了一个完全合理又有能力的人，并不一定保证不会发生这样的憾事，人与人之间是否合拍，并非每次都能够事先知晓。因此，重要的是，将这个可能性放在心上，并为自己保留一条退路。

几年以前，我所认识的两位数学家合写了一本书。他们对于该包含哪些内容和呈现的顺序具有相同的看法，只是对于标点符号有不同意见。进行到某个阶段时，其中一位会将手稿从头到尾阅读一遍并加上逗点，另一位则会全部予以删除，这样来来往往好几遍。最后这本书虽然还是得以出版，但他们以后就没有再合作过，不过两人依旧维持好友的关系。

　　每个参与合作的人都必须有所贡献。他们无须做相同分量的工作，其中一人或许是唯一知道如何进行庞大的计算，或是能够撰写一个复杂的计算机程序；另外一个或许只贡献了重要的想法（可能是证明中的一部分）。但只要每个作者都有重要贡献，那就是公平的合作。一般而言，没有一个人会反对其他合作者从最后的研究结果分得某些功劳。不过如果只是由其中的一位参与者独立完成所有事情（这种情况有时会发生），其他人的名字就无须出现在最后完成的论文、书和报告中，这样大家都会比较高兴，尤其是作者。这绝对和某些人的懒惰无关，有时计划会改变方向且无法事先预料到。而且，最初认为重要的贡献，也可能会变得毫无价值。

　　对于牵涉庞大团队、耗资巨大的科学研究而言，研究计划通常相当严格，一般队员离队，通常是因为离职或调整职务。但数学界的合作较为松散和自发，因此如果有某个项目计划，则计划的第一条必定为允许随时改变计划。

　　保持放松和宽容对队员会有很大的帮助，这并不表示可以避免争论。相反地，执行研究计划期间，最好的朋友间也会有冗长的、大声的和情绪激动的争辩。当前心理学家认为人类脑袋的理智成分依赖于情绪的成分：首先必须从感情上承诺要理性思考，然后才能以理性进行思考。我的某些合作者除非和我常常发生激烈的争执，否则我们不会觉得研究计划有了进展。不过一旦当我们找出谁是对的之后，争执便立刻停止，而且不会存留任何怒气。我们对于争论看得很淡，但我们不会松懈到让争论不致发生。

　　绝对不要仅仅只是因为你被说服应该要参加，就加入一个研究团队。除非你是真正感到需要和其他人一起工作，否则没必要。不论他们是多伟大的专家，不论这个计划可以带来多少金钱，都要远离那些你不感兴趣的事情。

　　另一方面，我发现具有广泛的兴趣将会很有帮助。若是这样，你需要避免加入的事务就要少得多。我曾经和某个中世纪史专家共进过一顿有趣的午餐，他专精于使用中世纪时的逗号。这场交流并未产生任何火花，但让我想起我的两个朋友，或许可以因为他加入他们的写书团队而受益。

第二十一封信

上帝是数学家吗？

亲爱的梅格：

　　上个月在美国圣迭戈碰到你真是太好了。很惭愧自从你的父母亲移居乡村以后，我就很少见到他们。我写信给他们，并很高兴得知你父亲的身体正在康复中。

　　人们对于获得终身教职的反应不一，这相当有趣。大部分人仍一如既往，继续他们的教学和研究，只是少了些压力（顺带一提，这在英国并不适用，因为终身教职制已在二十年前被废除）。但我仍记得某位同事，他一本正经地宣布，在他剩余的生涯里，每隔五年最多只会发表一篇论文。他说，五年一次是他产生好想法的频率。这种态度是诚实的，但可能是不明智的。另一个同事则是几乎让自己完全专注于顾问工作。在两年之内，他离开大学，开了间自己的公司，目前在

172

加勒比海的某个海岛拥有度假别墅，显然他对"廉价但开心"的生活感到厌倦。

我观察到，你对终身教职的反应则是显得日渐平和。

物理学家欧内斯特·卢瑟福（Ernest Rutherford）过去常说，在他的研究室里，如果有一个年轻的研究者开始谈及"宇宙"，他会立即制止。相较卢瑟福，我对这样的谈话更为随意。我主要的保留意见是，对宇宙的讨论不该只是哲学家的专属。

两千五百年以前，柏拉图宣称上帝是几何学家。在1939年，保罗·狄拉克（Paul Dirac）附和着说道："上帝是数学家。"阿瑟·艾丁顿（Authur Eddington）进一步宣称"上帝是纯数学家"。有这么多的哲学家和科学家将上帝和数学连结在一起，你无疑会好奇。艾多斯认为，虽然上帝有其他事情要做，但上帝手边仍然有一本证明之书。

上帝和数学都把敬畏的概念灌进一般的人性中，但上帝和数学的连结必定更加深入。这不是宗教的问题，你不需要先认同某位个人的神祇，才会对宇宙里令人惊叹的模式顿感敬畏，或是才能观察到这些似乎是数学模式。每一只蜗牛的螺纹躯壳或小池塘圆形的波纹，都在大声向我们传递这个信息。

因而，只差一小步，就能将数学视为自然定律的基础，并且很戏剧化地将数学能力归功于暗喻或实际的神祇。但什么是自然定律呢？是关于世界的深层真相？或是人类以有限智力去简化大自然不可言喻的复杂呢？上帝真是几何学家吗？数学模式真的呈现在自然界里？或者这只是我们的发明呢？如果是真的，这些模式是否只是我们所专注的自然的粗浅的层面？（因为这是我们所能领略的方式。）

我们无法明确回答这些问题，乃是因为人类不能超越自己以获得对宇宙的客观认识。我们经历的所有事情都通过我们的大脑作为中介，即使我们对这个"就存在那里"的世界的鲜明印象也不过是一个奇妙的戏法。我们脑袋里的神经细胞创造出真实世界的一个简化版本，并说服我们正居住于其中，而并非反过来。在经过数亿年的演化之后，人类脑力的进化重点不在"客观性"，而是在复杂的环境里如何增进自己的生存机会。因此，头脑绝不是对自然的被动观察者。例如，我们的视觉系统创造出一个幻象，让我们以为自己被完整无缺的世界所完全围绕，然而在任何一个时刻，我们的脑袋只能感知到视觉范畴内的极小部分。

因为我们无法客观地感知这个宇宙，因此有时会看到不存在的模式。大约在两千年前，上帝是几何学者的最有说服力的证据之一，便是托勒密（Ptolemy）的本轮—均轮理论（theory of epicycle）：太阳系里每一颗行星的运动都被认为是由一个复杂的旋转球体系统构成的。有什么理论比这更数学呢？但人们常常会被表象所迷惑，今天我们认为这个系统相当荒谬且过度复杂，因为通过修正，它可以被用来模拟任何形态的轨道，甚至包括方形轨道。总而言之，这是一个失败的模型，因为它无法让我们解释为何这个世界会是目前这个样子。

将托勒密的层层旋转和牛顿犹如钟表机械的宇宙（在创造之初就遵守固定不变的数学规则进行运动）做个比较。例如，牛顿认为物体加速是因为力作用于单位质量上。这个定律解释了所有形态的运动，从炮弹轨迹到宇宙运行。虽然针对极小质量和速度极快的领域，量子效应（quantum effect）和相对论分别修正了牛顿定律，不过牛顿定律仍适用于解释许许多多物体的运动。最近发现的宇宙微波背景辐射的微小波动显示，当大爆炸（big bang）停止后，宇宙向四方扩散的速度不一。这个不对称性造成物质的聚集，若非如此，你和我将不会有腿可以站立，也不会有一个星球可以立足。这是对牛顿定律的现代延伸的了不起的验证，并表明模式是否完美并不是最重要的。

牛顿定律处理的是我们感官易于理解的物质和能量的形式（例如力），这一点不是巧合。如果我们乘坐游乐园的云霄飞车，将会发现当云霄飞车急速行进时，自己似乎就要离座而起。这是我们大脑玩的把戏，我们的感官并不直接对作用力作出反应，我们的耳朵（其中的半规管）探测到的不是力，而是加速度，所以我们的脑袋对力的感知正好和牛顿定律相反。牛顿将他的感知器官"解构"，使其成为一开始即运行的定律，因此如果牛顿定律行不通，他的耳朵也不可能产生作用。

我们已经更好地发现了托勒密这类假设模式的人为因素，数学所形成的系统性假设适应性如此强大，它可以解释任何事情。消除这些假设的一个方式是强调简单和精确：狄拉克煽动性的论点及奥卡姆剃刀（Occam's razor）的真实信息。①

对称性为自然界的数学模式里最简单和最精确的来源之一。

我们身边到处可以见到对称性这种现象。人体具有双边的对称性：镜中的我们看起来仍然像人类。这个对称并非完美——心脏通常位于左方——但几近对称和完全对称没有什么差别。同样需要给个解释：自然界不多不少存在两百三十种对称形态的晶体，其中雪花是六边对称的一个例子；许多病毒具有十二边的对称，也就是由十二个五边形组成的立体形状；一只青蛙从一个球形对称的卵开始，最后长成一个双边对称的个体；原子结构和银河旋涡也具有对称性。

自然界的对称模式究竟从何而来？对称是相同单元的重复。相同单元的主要来源是物质，物质由微小的次原子粒子所构成，而某种类型的所有粒子都相同，例如所有的电子完全一样。著名的物理学家理查德·费曼曾提出假设：或许只有一个电子，因为它可以穿梭时空，所以我们能够无数次地观察到它。就算如此，电子的可互换性，即意味着宇宙具有潜在、庞大数量的对称性。有许多移动宇宙的方式，且同时让它看起来没有变化。蜗牛的螺纹躯壳或清晨沿着蜘蛛网等距滴下露水的对称性，都可回溯到由基本粒子形成的可能模式。人类感官可以直接体验的模式，都可回溯到"时间—空间"

① 任何现象的解释，使用越少的假设越好。如果其他的一切都无差异，则最简单的解答为最好的解答。

结构的较深层模式。

当然，除非这些较深层的对称性只是我们的想象，就像本轮系统的现代版本。

即使我们所经历的宇宙为我们想象力的发明物，也不代表宇宙本身不是独立的存在。想象是大脑的活动，大脑是由和宇宙其他部分相同的物质所组成。哲学家或许会争辩：我们在老虎身上侦测到的斑纹结构，是否真的存在于实际的老虎身上？不过我们脑袋里被老虎斑纹所引发的神经活动的模式，确实存在于我们真实的大脑之中。数学也是大脑的活动，所以大脑至少有时可以依照数学的定律来运作。如果大脑真可以如此做，那么为何老虎不能呢？

我们的心智或许真的只是神经细胞里的电子旋涡，但这些细胞为宇宙的一部分，是在宇宙中逐步成形的，且被偏爱对称的自然界所塑造。我们脑袋里电子的旋涡并不散漫和随意，也不是一个意外（即使对一个无神的世界而言），它们存在了数百万年，通过了达尔文物竞天择的考验，最后实现了和现实世界的一致。为了建构世界的简化模型，难道有比探究已经存在于宇宙里的简明事物还更好的方式吗？过于远离现实世界的想象体系，并不容易存活下来。

像本轮或运动定律这样的知识体系，可以是深层的真理或机巧的想象。科学工作针对各种不同的想法提供了选择的过程，就像演化所使用的严格过程那样，可以淘汰不适合的部分。数学是主要工具之一，因为数学通过模仿我们脑中的图像，让我们得以简化宇宙。不过，与脑中图像不同的是，数学模型可以从一个脑袋传递给另一个脑袋，因此成为不同人类思维的一个重要接触点。借由数学的帮助，科学最后选择了牛顿，而非托勒密。即使是牛顿定律，甚至包括它的现代继承者——相对论和量子理论——有一天可能终成幻象，但它们仍远比托勒密的幻象更为有用。

然而，对称仍是较佳的幻象，深奥优美，又是有普遍性。对称也是几何学的概念，所以几何之神是对称之神。

或许我们根据自我的形象，创造出一个几何之神。但当我们的脑袋逐渐进化，才能借着探究自然界本质上的简洁，去创造出几何之神。只有数学的宇宙才能发展人类的思维去从事数学，也只有几何之神才能创造出一个可以自我欺骗的思维，它可以想象出几何之神的存在。

在这个意义下，上帝无疑是数学家，比世界上的任何数学家都棒得多。而且让我们常常得以在他的肩上偷看周围的世界。

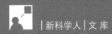新科学人 文库

《生命之数》

《给年青数学人的信（修订版）》

《书林散笔：一位理科生的书缘与书话》

策划编辑：余节弘

责任编辑：雒　华

装帧设计：李杨桦

作者简介

伊恩·斯图尔特（Ian Stewart），英国沃里克大学数学系教授、英国皇家学会会员，以大量优秀的数学科普作品享誉世界。因其向公众推广数学知识的杰出贡献，他曾被英国皇家学会授予法拉第奖，更是塞曼奖章的首位获得者。他的著作超过 80 种，包括《上帝掷骰子吗》《给年青数学人的信》《自然之数》《生命之数》《对称的历史》等。他是《新科学家》周刊的数学顾问、《不列颠百科全书》的顾问以及《科学美国人》杂志专栏撰稿人。除了在广播、电视上传播数学文化外，他还研究模型构造和网络动力学，并发表过 140 余篇论文。

译者简介

李隆生，现任台中科技大学国际贸易与经营系专任教授。台湾大学物理学学士、美国密歇根州立大学物理学博士、康奈尔大学经济学博士、复旦大学历史学博士。已翻译出版图书二十余本，发表论文六十余篇。